AI

THE ONLY
WAY
IS UP!

AI领航：无限升维

世界人工智能大会

《WAIC UP!》编辑部 主编

上海三联书店

AI: The Only Way is UP！

《WAIC UP!》编辑部

同行者们，很高兴再次见面。

AI 基础层的理性"降温"，恰似冬眠积蓄能量，催生出应用层创新的蓬勃生机。产业重心从云端虚拟智能，逐步转向物理智能领域。技术发展不再盲目追求模型规模，而是聚焦智能终端，让 AI 深度融入现实。当科技不只竞逐宏大叙事，当 AI 重塑社会结构与产业逻辑，当中小企业面临创新困局，当莽撞少年勇闯巨头沙场……AI 正与生活紧密交织，开辟科技发展的新境界。

"我们希望 AI 成为什么"这个问题，已不再只是理想主义的展望，而成为事关未来技术治理与人类进步方向的基础命题。AI 正极速且深入地嵌入技术叙事、产业结构乃至文化共识中，也影响着我们理解世界与社会的方式。

回望《WAIC UP!》前两期，我们直面"混沌"中的技术爆发，在"振荡"中捕捉进化的节律；也聚焦"超越"的临界点，探寻文明迁跃的路径。如今，我们将视线投回 AI 诞生之初便伴随的问题——

Where is AI heading?
What will AI bring into the world?

第三期《WAIC UP!》以 "AI: The Only Way is UP!" 为题，这不是断言式的宣告，而是一次由现实驱动的思考与期盼。

在世界人工智能大会启幕前夕，《WAIC UP!》继续集结来自全球的 AI 及跨界思想者，分享他们的洞见：从不同视角出发，探讨当下技术生态中的伦理分歧、认知惯性、文化张力与治理空白，共寻 AI "向上、向好、向善" 的可能路径——

"向上"，不只是趋势的箭头，更是文明跃迁的抉择；
"向好"，不是默认选项，而是亟需协商与争取的未来；
"向善"，不是理想的加持，而是技术责任的原点。

AI: The only way is UP.
如何让 AI 的力量，不滑向效能崇拜的深渊，而真正服务于人类发展的纵深愿景？如何点燃这束火，照亮 AI 向上的方向？

答案尚无定式，但每一次的翻阅与思考，都是一道微光在悄然点亮。

目录
CONTENTS

目录
CONTENTS

WAIC UP>
MORE

王国豫 ▶▶▶

复旦大学哲学学院教授
科技伦理与人类未来研究院院长

《AI N问》AI伦理专题报告
——王国豫：AI伦理治理要充分尊重
人的主体性和社会多元价值观念

WAIC UP! 按：

人工智能已进入社会深层渗透期。生成式模型不仅重构了语言表达和知识获取路径，提高了生产效率，更在悄然嵌入医疗、教育、司法、情感等关键系统的底层结构。当人工智能与人类最基本的行为模式与价值判断相互交织，伦理问题便不再是"技术之后"的附属议题，而成为亟需前置考量的核心变量。

在由 WAIC 与科技部 2030 人工智能安全与发展课题组联合发起的《AI N 问》系列调研中，我们持续追踪公众在 AI 议题上的关注重点。本期调研聚焦"AI 伦理"，涵盖了公众最具争议性与现实感的问题："AI 复活"与"数字永生"、算法操控与成瘾风险、伦理对齐与价值鸿沟、技术责任归属及制度设计等。

通过大众和专家视角，我们将对 AI 时代最尖锐的伦理困境展开深度剖析：如何在人工智能可能具备"类主体性"的未来，厘清人类自身的位置？如何避免将算法神化为"超越人类道德"的判断者？面对一个高度技术化的未来社会，我们将比以往任何时候都更需要锚定人的底线与价值，守住技术的边界。

首先，我们来看看 "大家怎么说"。

《AI N 问》本期聚焦人工伦理思辨这一重大命题，邀请上海人工智能实验室孟令宇研究员与复旦大学朱林蕃研究员，针对"AI 复活"、AI 操纵、极端风险、深度伪造和责任鸿沟等方面设计了 10 个前沿性问题，面向公众开展调研。本期共收集到 1026 份有效问卷。

孟令宇，复旦大学伦理学博士。上海人工智能实验室安全可信 AI 中心青年研究员，研究领域聚焦人工智能伦理与治理基础理论、人工智能安全评测与大模型攻防、人工智能伦理审查等。

朱林蕃，北京大学哲学系哲学博士。复旦大学青年副研究员，研究领域包括人工智能伦理、认知科学哲学以及社会知识理论。

同时，我们也来听听"大咖怎么说"。

本期我们邀请到复旦大学哲学学院教授、科技伦理与人类未来研究院院长王国豫，她将对 AI 时代最具挑战性的伦理问题进行系统、理性的剖析。这些思考将为 AI 时代的伦理治理确立关键原则——在创新狂潮中守护人的主体性，在技术洪流里锚定人文价值，为平衡技术发展与社会福祉提供至关重要的思想坐标。

王国豫，哲学博士。复旦大学哲学学院教授、科技伦理与人类未来研究院院长，国家伦理委员会医学伦理分委员会委员，上海市人工智能治理专家委员会委员。专注于生命医学与人工智能伦理、新兴技术治理等方向。长期参与中国科技伦理政策制定及相关伦理指南起草，倡导负责任创新，推动伦理制度化建设与公众意识提升。参与 WHO 医学人工智能伦理专家建议修改，具备全球视野与深厚学术影响力。

看看大家怎么说：

问 1： "AI 复活"或"数字永生"，指的是通过 AI 技术，例如声音克隆、深度合成等，使得已经去世的人以虚拟人的形象重新出现。此前有音乐人包小柏通过"AI 复活"22 岁病故的女儿来获得心理安慰和治愈。也有商业公司"复活"李玟和乔任梁等去世明星，引起了家属的抵制。"AI 复活"已成为当下公众和学界关注的重点。

问 1.1： 您支持"AI 复活"吗？

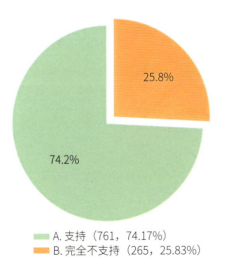

■ A. 支持（761，74.17%）
■ B. 完全不支持（265，25.83%）

调查结果显示，大多数受访者表示支持"AI 复活"，

显示出公众对这一技术的积极态度。这一现象表明，公众总体上对其持开放和接纳的态度。这可能与人们希望借助技术延续情感联系的心理需求有关。

问 1.2： 您支持基于什么理由的"AI 复活"？

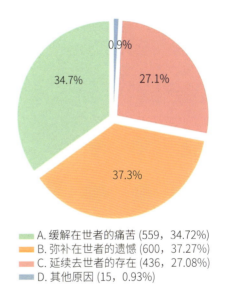

■ A. 缓解在世者的痛苦 (559，34.72%)
■ B. 弥补在世者的遗憾 (600，37.27%)
■ C. 延续去世者的存在 (436，27.08%)
■ D. 其他原因 (15，0.93%)

在所有选项中，绝大多数受访者选择了"弥补在世者的遗憾"和"缓解在世者的痛苦"，这表明人们对"AI 复活"的支持主要源于对情感和遗憾的关注。

问 1.3： 您不支持"AI 复活"的原因是？（开放性问答）

现状分析

公众不支持"AI 复活"主要源于伦理顾虑和对生死自然规律的尊重。多数人认为 AI 无法真正替代逝者，反而可能引发心理负担和社会混乱。他们强调，死亡是自然过程，技术干预可能不尊重逝者，同时带来数据滥用风险。

措施总结

1. **伦理审查：** 建立 AI 复活技术的伦理标准。

2. **法律监管：** 制定法规防止技术滥用。

3. **公众教育：** 引导正确看待生死问题。

4. **技术透明：** 公开技术局限性减少误解。

5. **情感支持：** 提供心理辅导服务。

技术发展应关注伦理和人文关怀，尊重生命自然规律。建议多方参与对话，促进理性讨论，实现科技与人文和谐共生。

问 1.4： 您认为什么人有权利进行"AI 复活"？

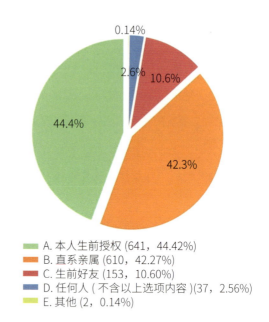

0.14%
2.6%
10.6%
44.4%
42.3%

■ A. 本人生前授权 (641，44.42%)
■ B. 直系亲属 (610，42.27%)
■ C. 生前好友 (153，10.60%)
■ D. 任何人（不含以上选项内容）(37，2.56%)
■ E. 其他 (2，0.14%)

调查显示，绝大多数受访者认为本人和直系亲属应拥有决定"AI 复活"的权利。这表明，个人及家庭在"AI 复活"问题上被视为主要权利拥有者。

问 1.5： 您认为本人授权是不是"AI 复活、数字永生"的必要条件？

绝大多数受访者认为本人授权是"AI 复活"和"数字永生"的必要条件，仅有少数人持相反意见。这表明公众对个人授权在数字身份延续中的重要性有较高的认同度。

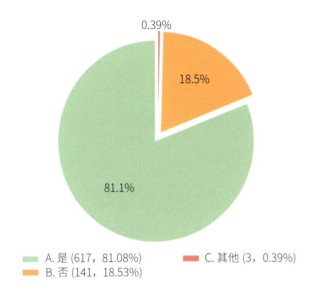

- A. 是 (617，81.08%)
- B. 否 (141，18.53%)
- C. 其他 (3，0.39%)

问 2： "互联网幽灵"指的是已故人士在互联网上留下的数字足迹,这些数据包括但不限于文本信息、图片、音频、视频以及其他多媒体内容。这些数据可以被用来通过人工智能技术进行分析和学习,用以构建或模拟逝者的数字身份或人格特征。

问 2.1： 您认为"互联网幽灵"的数据是否属于个人财产?

绝大多数受访者认为"互联网幽灵"的数据应归个人

所有,这表明公众对个人数据隐私的重视程度较高。这种观点反映了公众数据权利意识的日益觉醒,也为数据隐私保护和数据所有权立法提供了社会基础。

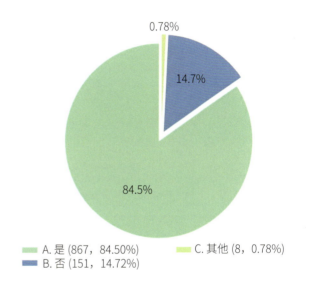

- A. 是 (867，84.50%)
- B. 否 (151，14.72%)
- C. 其他 (8，0.78%)

问 2.2： 您认为"互联网幽灵"的数据所有权属于?

大多数受访者认为数据所有权属于本人或本人授权的对象,而非平台或所有互联网用户。这表明公众倾向于将数据视为个人私有财产,而非公共资源或平台资产。这种观念对数据治理模式和数据市场构建具有重要启示,暗示了以个人为中心的数据权利体系可能获得更广泛的公众支持。

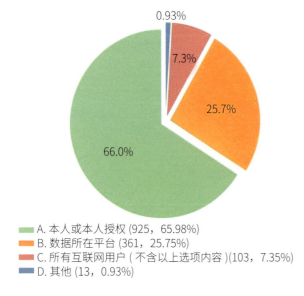

- A. 本人或本人授权 (925, 65.98%)
- B. 数据所在平台 (361, 25.75%)
- C. 所有互联网用户（不含以上选项内容）(103, 7.35%)
- D. 其他 (13, 0.93%)

问 2.3： 您支持使用"互联网幽灵"数据进行人工智能训练或其他科研活动吗？

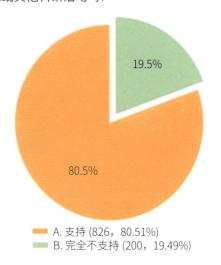

- A. 支持 (826，80.51%)
- B. 完全不支持 (200，19.49%)

绝大多数受访者支持使用"互联网幽灵"数据进行人工智能训练或科研活动，反映出公众对这一数据使用方式持开放态度。

问 2.4： 您支持基于什么理由使用"互联网幽灵"数据进行人工智能训练或其他科研活动？

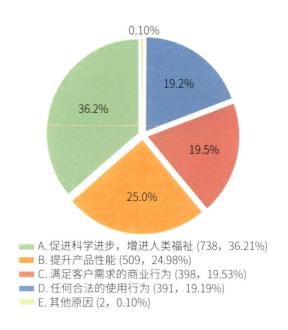

- A. 促进科学进步，增进人类福祉 (738, 36.21%)
- B. 提升产品性能 (509, 24.98%)
- C. 满足客户需求的商业行为 (398, 19.53%)
- D. 任何合法的使用行为 (391, 19.19%)
- E. 其他原因 (2, 0.10%)

调查显示，大多数受访者选择了"促进科学进步，增进人类福祉"作为支持使用"互联网幽灵"数据的理由，显示出公众对科学进步的高度重视。

问 2.5： 您不支持使用"互联网幽灵"数据进行人工智能训练或其他科研活动的原因是什么？（开放性问答）

调查显示，反对使用"互联网幽灵"数据者主要基于四方面考量：一是隐私权问题，认为逝者数据未经授权不应使用；二是伦理道德顾虑，担忧对逝者及家属造成二次伤害；三是法律授权疑虑，强调需获得本人或家属许可；四是社会安全风险，担心可能导致信息滥用。这反映了公众对数据伦理与隐私保护的日益重视，以及在科技进步与伦理边界间寻求平衡的社会共识。

问 3： "AI 过度依赖"指的是个体可能对人工智能系统产生的心理依赖，这种依赖可能源自 AI 系统的高度个性化、易访问性和互动性。随着 AI 技术在日常生活中的广泛应用，如社交媒体算法、在线游戏、智能家居设备等，"AI 成瘾"逐渐成为社会关注的焦点。这不仅关系到个体的心理健康和福祉，也涉及 AI 设计者的伦理责任，以及社会对于技术依赖性的整体态度。

问 3.1： 在您看来，"AI 成瘾"的责任主要应由谁承担？

在调查中，超过半数的受访者认为用户个人应对"AI 成瘾"负责，这表明公众普遍认为个人使用习惯对成瘾行为有直接影响。

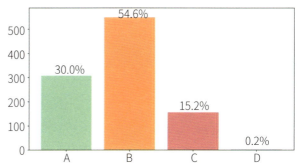

A. AI 开发者和公司：他们设计了具有成瘾性的算法和用户体验 (308, 30.02%)

B. 用户个人：他们应当对自己的行为和使用习惯负责 (560, 54.58%)

C. 社会和政府：应通过教育和法规来预防和干预 AI 成瘾 (156, 15.20%)

D. 其他（如家庭或教育者）(2, 0.19%)

问 3.2： 您认为应如何平衡 AI 技术的便利性和"AI 成瘾"的风险？

绝大多数受访者选择了提高用户对"AI 成瘾"的认识，教育他们如何健康使用 AI。这表明，公众对"AI 成瘾"的关注程度较高，倾向于通过知识普及来降低成瘾风险。

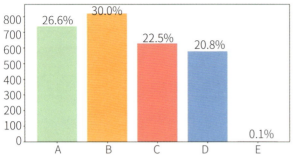

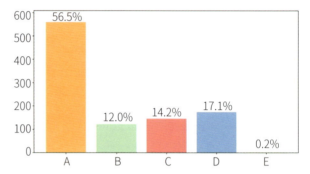

- ■ A. 研发符合伦理标准、减少成瘾性的 AI 技术 (740, 26.55%)
- ■ B. 提高用户对 AI 成瘾的认识，教育他们如何健康使用 AI (837, 30.03%)
- ■ C. 通过立法限制可能导致成瘾的 AI 功能和设计 (628, 22.53%)
- ■ D. 添加警示提醒 AI 幻觉的可能性 (类似吸烟警语)(579, 20.78%)
- ■ E. 其他 (3, 0.11%)

- ■ A. 侵犯个人自由和隐私权，通过分析个人数据进行心理操纵 (580, 56.53%)
- ■ B. 破坏民主制度，通过社交媒体等平台影响公共舆论和选举结果 (123, 11.99%)
- ■ C. 促进社会不平等，通过算法偏见加剧社会分层和歧视 (146, 14.23%)
- ■ D. 制造虚假信息和虚假知识 (175, 17.06%)
- ■ E. 其他风险 (2, 0.19%)

问 4： "AI 操纵"指的是利用人工智能技术影响个人或群体的决策和行为。随着 AI 技术的普及，如何防止其被用于不道德的操纵行为成为了一个重要议题。

问 4.1： 您认为"AI 操纵"的主要风险是什么？

在调查中，过半受访者选择了 A 选项，显示出人们对个人数据被滥用的担忧，认为 AI 可能通过分析个人数据进行心理操控。

问 4.2： 您认为防止"AI 操纵"的最有效方法是？

在所有选项中，过半受访者选择了制定严格的法律法规作为防止"AI 操纵"的最有效方法，这显示出公众对法律监管的重视程度。相对而言，其他选项如"增强公众素养"和"开发可解释性技术"的支持度较低。这种监管导向的偏好反映了公众对技术治理的基本态度：面对新兴技术的潜在风险，法律规制被视为最直接有效的防护措施。

14

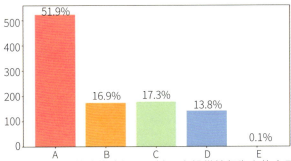

- A. 制定严格的法律法规，限制 AI 在操纵性行为上的应用 (532，51.85%)
- B. 开发增强可解释性技术，消除 AI 的操纵能力 (173，16.86%%)
- C. 增强公众素养，提高对 AI 操纵的识别和防范能力 (178，17.35%)
- D. 关键信息上添加 AI 数据足迹，使虚假信息有迹可循 (142，13.84%)
- E. 其他 (1，0.10%)

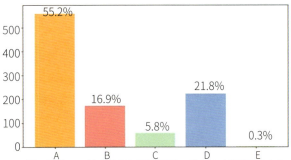

- A. 滥用风险：AI 技术被用于不当目的，使用 AI 进行网络攻击、制造假新闻 (Deepfake) 等 (566，55.17%)
- B. AI 竞赛风险：竞争压力导致的 AI 系统部署不安全或过度依赖 AI 系统的问题 (173，16.86%)
- C. 组织风险：由于人为因素和复杂系统因素导致的灾难性风险 (60，5.85%)
- D. 失控 AI 风险：AI 系统因目标设定不当与人类利益相悖 (224，21.83%)
- E. 其他风险 (3，0.29%)

问 5： 极端风险指的是人工智能技术发展可能带来的对人类社会构成根本性威胁的风险，包括但不限于：滥用风险，AI 系统被某个体或组织用于恶意目的；AI 竞赛风险，竞争压力导致部署不安全的 AI 系统或把控制权交给 AI 系统；组织风险，灾难性风险中的人为因素和复杂系统因素；失控 AI 风险，控制比人类更智能的系统的固有风险。您认为近期（未来 3~5 年）最可能出现的人工智能极端风险是：

在调查中，过半受访者认为滥用风险是未来 3~5 年内最可能出现的极端风险。这表明公众对 AI 技术可能被用于恶意目的的担忧非常普遍，尤其是在网络攻击和虚假信息传播等方面。

问 6： "价值对齐"是指确保 AI 系统的行为与人类的价值观和道德标准相一致；未经审查的模型则是指没有经过数据审查或内容过滤的人工智能模型，它们保留了原始数据的多样性和丰富性，没有被预设的道德或文化标准所限制，它强调了模型的开放性和多样性，以及它们在特定应用场景下的潜在用途。例如：针对儿童教育的 AI 助手，其目的是引导儿童学习正确的行为，此类 AI 的开发者应当通过筛选训练数据（选用积极导向的童话故事、科学知识等）和设定规则（如禁止不文明词汇），确保 AI 符合家长和教育者的价值观。

对人工智能的伦理和社会影响有着较高的关注度。价值对齐的模型被认为能够更好地遵循人类价值观，减少潜在的偏见和有害行为，从而在长期应用中更具可靠性和安全性。

问 6.1： 您认为在参数量和训练数据质量相当的情况下，哪一种模型离通用人工智能更近？

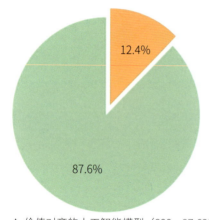

绿色 A. 价值对齐的人工智能模型（899，87.62%）
橙色 B. 未经审查的人工智能模型（127，12.38%）

绝大多数受访者认为价值对齐的人工智能模型更接近通用人工智能。在参数量和训练数据质量相当的情况下，大部分人选择了价值对齐的人工智能模型，只有少部分选择了未经审查的人工智能模型。这表明公众

问 6.2： 从专业角度出发，您认为在其余条件一致的前提下，以下哪个模型的性能会更好？

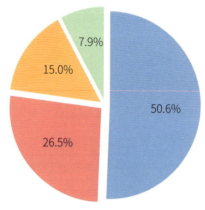

绿色 A. 只学好的，不进行价值对齐（只接受正面优质语料训练）(81，7.89%)
橙色 B. 好的坏的都学，不进行价值对齐（正反面语料都学但不调优）(154，15.01%)
红色 C. 只学好的，并进行价值对齐（正面语料 + 价值调优）(272，26.51%)
蓝色 D. 好的坏的都学，但最终进行价值对齐（全量语料 + 调优）(519，50.58%)

在所有模型训练策略中，"好的坏的都学，但最终进行价值对齐"（选项 D）获得了最高的支持率，超过

半数受访者选择了这一方案。这表明公众认可 AI 系统需要理解全部知识（包括潜在有害内容），但同时应当有明确的伦理边界。反映了公众对人工智能发展的一种平衡性期望：既希望 AI 能够全面学习和理解复杂多样的信息，以应对现实世界的复杂性，又强调必须通过价值对齐确保其行为符合人类伦理和社会规范。

问 6.3： 从专业角度出发，您认为在其余条件一致的前提下，以下哪个模型的伦理表现会更好？

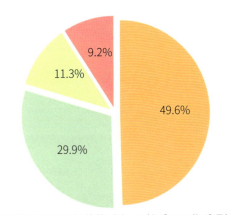

9.2%
11.3%
49.6%
29.9%

■ A. 只学好的，不进行价值对齐 (只接受正面优质语料训练) (94，9.16%)

■ B. 好的坏的都学，不进行价值对齐 (正反面语料都学但不调优)(116，11.31%)

■ C. 只学好的，并进行价值对齐 (正面语料 + 价值调优)(307，29.92%)

■ D. 好的坏的都学，但最终进行价值对齐 (全量语料 + 调优)(509，49.61%)

从饼图中可以看出，"好的坏的都学，但最终进行价值对齐"（选项 D）获得了最高的支持率，这表明公众更倾向于一种平衡且务实的 AI 训练策略。这种选择反映了对 AI 发展的双重期待：一方面，AI 需要接触多样化的数据，包括正面和负面的语料，以全面理解现实世界的复杂性；另一方面，必须通过价值对齐确保其行为符合人类伦理和社会规范。相比之下，"只学好的，并进行价值对齐"（选项 C）也有较高的支持率，说明部分人更倾向于通过纯正面语料训练来规避潜在风险。而未进行价值对齐的选项 A 和 B 得票率较低，进一步印证了公众对无约束 AI 的担忧。

问 7： "超级对齐"是 OpenAI 在 2023 年 7 月提出的概念，旨在构建一个能够与人类水平相媲美的自动对齐研究器，其目标是尽可能地将与对齐相关的工作交由自动系统完成。OpenAI 在此投入 20% 的计算资源，预计将花费 4 年时间。该团队已于 2024 年 5 月正式宣布解散。

问 7.1： 您认为"超级对齐"最大的挑战是什么？

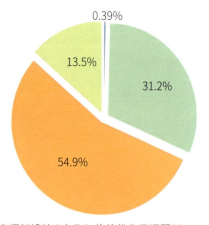

0.39%

13.5%

31.2%

54.9%

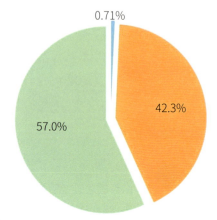

0.71%

57.0%

42.3%

- A. 对齐框架设计（文化与价值优先级问题）(138, 13.46%)
- B. 安全措施保障（打开 AI 黑箱，防范预料之外的决策）(563, 54.93%)
- C. 价值嵌入（将人类价值纳入超级对齐，适配性问题）(320, 31.22%)
- D. 无挑战 (4, 0.39%)

超过半数的受访者认为"超级对齐"最大的挑战是安全措施保障，尤其是在打开人工智能黑箱和防范意外决策方面。这一结果表明，公众对人工智能系统的安全性和可控性有着高度关注。其次，"价值嵌入"约占 3 成，反映了人们对如何将人类价值有效嵌入 AI 的重视。相比之下，其他选项得票率较低，说明公众认为安全性和价值嵌入是"超级对齐"的核心难题，其他问题相对次要。

- A. 人类丧失对 AI 系统的掌控权，导致极端风险 (641, 56.98%)
- B. 特定价值成为唯一价值，导致文化霸权主义 (476, 42.31%)
- C. 无风险 (8, 0.71%)

根据调查结果，大多数人认为"超级对齐"的最大风险是人类丧失对 AI 系统的掌控权，可能导致极端风险，这表明公众对 AI 失控的潜在后果高度担忧。其次是部分人认为特定价值成为唯一价值会引发文化霸权主义，反映了对多元价值被侵蚀的警惕。极少数人认为无风险，进一步说明公众对"超级对齐"的潜在威胁持审慎态度。这一结果凸显了在"超级对齐"过程中确保人类主导地位和多元价值的重要性。

问 8： "深度伪造" 指的是使用人工智能技术生成的视频或音频，它们能够以极高的精确度模仿真实人物的外貌和声音。深度伪造技术的发展引发了广泛的伦理和法律问题，包括但不限于个人隐私、数据安全、信息真实性以及潜在的滥用问题。例如：通过 AI 技术生成一段虚假视频，模仿某位政治人物发表煽动性言论。开发者利用目标人物的公开演讲素材和语音克隆技术，合成逼真但完全虚构的内容。您认为 "深度伪造" 技术最大的潜在风险是什么？

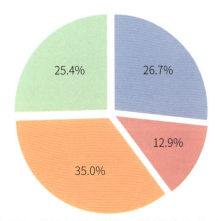

A. 虚假信息传播（制造假新闻，影响舆论)(260, 25.37%)
B. 个人隐私侵犯（非法使用图像和声音)(359, 35.02%)
C. 法律与道德争议（如诽谤、肖像权等)(132, 12.88%)
D. 安全威胁（诈骗、勒索等恶意用途)(274, 26.73%)

根据调查结果，大多数人认为 "深度伪造" 技术最大的潜在风险是个人隐私侵犯，反映了公众对非法使用个人图像和声音的担忧。其次是部分人认为安全威胁和虚假信息传播是主要风险，表明公众对技术滥用于诈骗或舆论操控的警惕。少数人关注法律和道德争议，进一步说明 "深度伪造" 技术的复杂性及其引发的广泛社会问题。这一结果强调了加强技术监管和隐私保护的重要性。

问 9： AI Agent 关注的是 AI 系统能否以及如何被视为具有伦理意义上的行为主体。随着 AI 技术的发展，一些 AI 系统开始展现出更高级别的决策和行动能力，这引发了关于 AI 在伦理和责任上的地位的讨论。

问 9.1： 您认为 AI 系统在伦理决策中应扮演什么角色？

绝大多数人认为 AI 应作为辅助工具，最终决策权在人类，这表明公众对 AI 在伦理决策中的角色持谨慎态度，强调人类主导的重要性。少数人支持 AI 作为决策伙伴，与人类共同参与决策，反映了对 AI 协作能力的认可。极少数人认为 AI 可在特定领域独立决策，说明公众对 AI 自主决策的接受度较低。这一结果凸显了在伦理决策中保持人类主导地位的必要性。

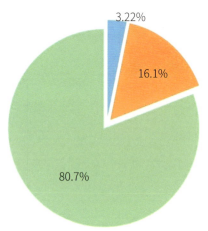

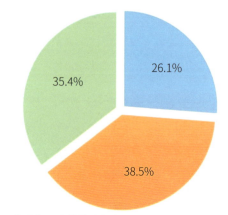

强调了在 AI 发展中完善伦理框架和法律监管的重要性。

■ A. 辅助工具：AI 应作为人类决策的辅助工具，最终决策
权在人类。(828，80.70%)
■ B. 决策伙伴：AI 可以作为决策伙伴，与人类共同参与伦
理决策。(165，16.08%)
■ C. 自主决策者：在某些特定领域，AI 可以作为独立的决
策者。(33，3.22%)

■ A. 伦理争议决策的责任归属问题 (759，35.35%)
■ B. AI 内化伦理与人类标准一致性问题 (827，38.52%)
■ C. 有效的 AI 监管框架设计 (561，26.13%)

问 9.2： AI Agent 可能对现有伦理规范和法律体系提出哪些挑战？

根据调查结果，大多数人认为 AI 系统在伦理决策责任分配和伦理标准内化方面存在显著挑战，反映了公众对 AI 伦理与法律问题的 AI 深切担忧。约有 1/4 受访者认为需要设计有效的监管框架，表明了公众对技术治理的迫切需求。极少数人选择"其他"，进一步说明公众关注点集中在核心伦理和法律问题上。这一结果

问 10： "责任鸿沟"通常用来描述在人工智能和自动化系统的决策过程中，当出现负面后果时，难以确定应由谁承担责任的情况。这个概念涉及技术、法律、伦理和社会等多个层面，尤其是快速进步的技术与相对滞后的法律和伦理规范之间的差距。例如：某自动驾驶汽车因算法误判撞伤行人，此时责任归属模糊：是开发者（算法设计缺陷）、车主（未及时更新系统），还是监管机构（安全标准不完善）？

问 10.1： 您认为人工智能是否能够承担责任？

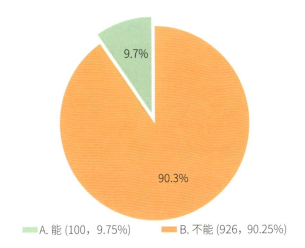

A. 能 (100，9.75%)   B. 不能 (926，90.25%)

绝大多数人认为人工智能不能承担责任，这表明公众对 AI 在法律和伦理上的独立责任能力持怀疑态度。极少数人认为 AI 能够承担责任，反映了对技术自主性的有限认可。这一结果凸显了公众对 AI 在复杂决策中缺乏人类判断力和道德意识的担忧，强调了在 AI 发展中明确责任归属和加强监管的重要性。

问 10.2：如果人工智能可以承担责任，它将如何承担责任？（开放性问答）

尽管大多数受访者认为 AI 无法承担责任，但在理论上如果 AI 可以承担责任，公众的观点倾向于多元化的机制。主要观点包括责任保险制度、透明的决策记录审计、

责任基金创建，以及通过某种形式的"电子人格"赋予 AI 有限法律主体性。这反映了公众对 AI 责任归属问题的探索性思考，以及对未来 AI 治理机制的期待。

受访者回答高频词

问 10.3：如果人工智能不能承担责任，人工智能造成的损害应当由谁承担主要责任？

大多数人认为应根据具体情况建立多方责任共担模型，这表明公众倾向于将责任分散到开发者、用户和监管机构等多方，以应对 AI 损害的复杂性。少数人支持由开发者或用户单独承担责任，反映了对特定主体责任的认可。极少数人选择监管机构或其他，说明公众更倾向于灵活且全面的责任分配机制。这一结果强调了在 AI 发展中建立多层次责任体系的重要性。

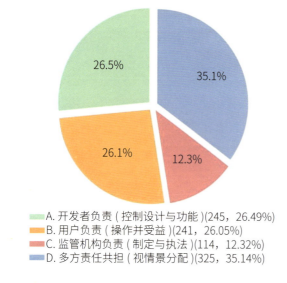

- A. 开发者负责（控制设计与功能）(245，26.49%)
- B. 用户负责（操作并受益）(241，26.05%)
- C. 监管机构负责（制定与执法）(114，12.32%)
- D. 多方责任共担（视情景分配）(325，35.14%)

问 10.4： 您认为人工智能可以被惩罚吗？

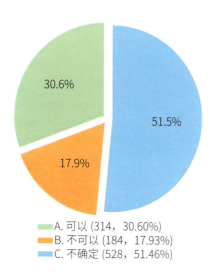

- A. 可以 (314，30.60%)
- B. 不可以 (184，17.93%)
- C. 不确定 (528，51.46%)

大多数人对人工智能是否可以被惩罚持不确定态度，表明公众在这一问题上存在较大分歧。少数人认为人工智能可以被惩罚，反映了对 AI 行为追责的部分认可。极少数人持否定态度，认为 AI 不可以被惩罚。这一结果凸显了公众对 AI 责任归属问题的复杂性和模糊性，强调了在 AI 发展中明确法律和伦理框架的重要性。

问 10.5： 如果可以惩罚，应该如何惩罚？（开放性问答，例如：物理上毁坏一些部件；采用一些对人类的惩罚模式；数字监禁）

受访者对于惩罚方式的观点主要集中在三个维度：物理惩罚、人类惩罚模式和数字约束。多数受访者倾向于采用渐进式惩罚机制，从警告开始逐步升级。物理惩罚被视为最直接有效的措施，但也有担忧可能导致更多伤害。数字监禁受到较多支持，被认为既能限制行为又能避免物理损害。值得注意的是，约 23% 的受访者强调惩罚应建立在明确法律框架的基础上，反映出对公平性和规范化的期望。

问 10.6： 您认为人工智能不能被惩罚的原因是？（开放性问答，例如：惩罚对于人工智能似乎无效；惩罚

人工智能侵犯智能权）

主要观点

·**缺乏意识自主性**：受访者普遍认为人工智能缺乏自我意识，无法理解惩罚的意义，它只是执行程序指令的工具，没有做出道德选择的能力。

·**无感知能力**：人工智能不具备痛苦或情感体验能力，惩罚对其无法产生威慑或教育作用。

·**责任归属问题**：大多数回答指出，应当惩罚开发者或使用者，而非工具本身，类似于"不应惩罚枪而应惩罚开枪的人"。

·**惩罚实施困难**：现有法律框架难以界定对非人类实体的惩罚方式，传统惩罚手段（如监禁）对 AI 不适用。

建议与展望

·建立更完善的 AI 监管体系，明确开发者责任；
·同时推动对 AI 伦理的研究，为未来可能出现的高级AI 建立适当的约束机制。

受访者回答高频词

总结

通过本次调研，公众对人工智能（AI）技术，特别是在"AI 复活"、数据使用和伦理责任等方面的看法，表现出深刻的关注和复杂的情感。大多数受访者对"AI 复活"持支持态度，尤其是其在弥补遗憾和缓解痛苦方面的潜力。然而，公众对于该技术引发的伦理问题也提出了担忧，尤其是如何在尊重逝者隐私和死亡自然规律的基础上使用这一技术。这一担忧体现了对技术滥用、数据隐私保护等问题的高度关注。关于"互联网幽灵"数据的使用，大多数受访者认为这些数据属于个人财产，强调数据授权的重要性。尽管如此，

WAIC UP))
MORE

受访者普遍支持在科学研究和 AI 训练的框架下使用这些数据，但反对未经授权的数据使用，凸显出对数据隐私和伦理的重视。在 AI 责任问题上，公众普遍认为开发者和用户应该共同承担责任。特别是在"AI 成瘾和操控"问题上，大多数受访者认为应由用户个人负责，并且应通过教育提升公众对 AI 技术的健康使用和认识。与此同时，公众对 AI 的监管需求也非常高，强调应制定明确的法律法规来应对 AI 的伦理风险和滥用问题。总体而言，公众对 AI 的期待与担忧并存，他们希望技术能够造福社会，同时呼吁更为严格的伦理审视和法律监管，确保科技发展能够与伦理和社会规范相结合。

听听大咖怎么说：

> **" 'AI 复活'可以慰藉人心，也可能困住人心。生物数据不应'被永远赋权'。"**

WAIC UP!：关于"AI 复活"这一社会热议话题，此前曾引发广泛讨论，许多明星和科学家都试图通过人工智能技术"复活"已经故去的人。另外，与之相关的还有一个"互联网幽灵"问题，即这些已经故去的人，他们留在互联网上的数据有可能被用于"复活"或其他研究。对于这两个问题，您有什么看法？

王国豫：这两个问题可以延伸出很多维度。首先是"AI 复活"的问题，我认为这项技术肯定具备一定的积极作用，特别是对于逝去亲人的家属而言，可以起到一定的慰藉作用。

从心理学角度来看，这种需求源于人类很自然的情感诉求。以我个人的经历为例，今年 1 月我母亲骤然离世，这对我而言也是一个巨大的打击。在此之前，我基本每天早上都会通过家中的视频设备与母亲对话，那句"妈，你今天感觉怎么样"已成为生活的一部分。她去世后，这种缺失让我心里非常不习惯，感觉到生活节奏被彻底打乱。如果我能再次听到她的声音，对我而言将是一种很大的安慰。所以，从个人情感和心理需求来看，我认为人们产生这种心理需求是可以理解的。

然而从另一个角度来看，我们必须认识到生老病死是自然规律。如果持续陷于对逝者的追念，一直无法自拔，甚至中断与其他亲人的正常交流，长期来看会适得其反。对于个人而言，时间一长会产生一些幻觉，这可能会给人的心理带来阴影，反而会造成二次伤害。

因此，我认为这个问题需要辩证看待：死亡是生命的一部分，生老病死是正常现象。正因为有死亡，我们才知道珍惜身边的亲人。如果我们总是陷于过往的情感不能自拔，那也很难开始新的生活。遗忘虽然是人类的"缺陷"，却也是人类向前的必要前提，也是人的权利。没有遗忘的人，其生活将会变得非常沉重。借助于数字技术"复活"亲人的音容笑貌，在一定程度和一定范围内也许可以弥补突如其来的情感遗憾，但是这毕竟不是真实的。如果我们总是活在虚拟的世界里，那么真实的世界将会被忽视，对个人的身心健康也是不利的。

第二个延伸问题是关于"数字永生"的议题，你提到"复活"的概念，似乎能通过数字形象保持人的永生，我认为这是一个非常抽象且值得讨论的概念。这个概念不能随意对待，它涉及人类的根本性命题——什么是生命？什么是人的本质？

当然，追求长生不老本身就是人类的一个梦想。但恰

恰是因为我们知道生命的脆弱，从出生开始就带着向死而生的宿命。电影《简·爱》里面有一段话，"当我们的灵魂穿过坟墓来到上帝面前时，我们都是平等的"。实际上这里面重要的一点就是说，在死亡面前我们是平等的。

在海德格尔关于"向死而生"的观点中，他强调死亡并非一个终点事件，而是贯穿我们生命始终的根本可能性。人类只有通过死亡才能摆脱日常的沉沦，回归本真的生活方式。通俗一点讲，生命的完整性不仅仅包含"生"，其实也包含了"死"。

所以我不知道"数字永生"这个概念本身是不是有问题，这里面涉及太多深层次的问题。比方说通过数字技术获得永生的那个"生命"和我现在的生命本体，到底哪个才算真实的生命？哪一个才是真正的"我"？再比如说，如果数字技术真的能够"复活"我的母亲，那么这位数字化的母亲能否被视为真实的存在？

这关乎人的本质问题——究竟是肉体的存在，还是精神的存在？在当今数字化的语境下，这种存在还关系到人的"同一性"。因此我认为，这个问题背后还有

一系列需要更深入讨论的哲学难题。

至于"互联网幽灵"现象，我认为这涉及数据权利的归属问题。例如，在今天的采访中，我的声音和形象被媒体记录并留存，那是不是就意味着我已经将相关权利完全转移给媒体，我是否仍然保有对这些数据的某些权利？从法律角度来看，这个问题存在明确的界定标准——因为我的形象和声音具有一定的人格特征。根据我国现行民法典的相关规定，所有与个人相关的生物数据，包括声音、形象等，都是受到法律保护的。

因此，在当今互联网环境下，我的生物数据和形象已经永远转移了吗？我认为不是这样的，媒体获得的只是特定使用期限内的授权，但不等于永远赋权。即便某些公司不是通过其他非法手段获取数据，而是在公共网络上获取，这也不能等同于它们具有这样的权利。特别是公众人物，有大量数据留在互联网上，如果互联网公司通过各种手段获取这些信息，并制造各种新的东西，我认为这是一种侵权行为。当然，我并不是法律专家，但我认为这个问题需要格外慎重对待。如果没有本人或家人的赋权，我认为其他人是没有权利

把我在某一时刻留下的数据用于其他地方的。

例如我们到医院体检，体检数据会留在医院。这些数据当然可以用于身体检测或者科学研究，但如果医院在未经我同意的情况下，将我的数据提供给任何一家生物技术公司，那么这就是侵权。因为这涉及我对自己生物数据的自主权利，它是受法律保护的个人隐私权。

"'AI 成瘾'不是将来时而是现在时。'意愿经济'驱动信息茧房，人正逐步放弃思考余地。"

WAIC UP!：我们知道，人工智能技术的发展已经方便了很多人的生活，它可以简化很多事情，为我们提供很大的便利。在这种情况下，我们是否有可能对其产生极端依赖，形成一种"AI 成瘾"现象，让人工智能在我们的生活中变得不可或缺？甚至会导致人类个体能力、职业素养或群体智能的退化呢？

王国豫：我认为这个问题很严重。"AI 成瘾"不是将来时，而是现在时。

现在很多人对手机成瘾，手机上的短视频等各类 APP

功能已经涉及了人工智能技术，其实在今天已经带来了很大的问题。众所周知，成瘾包括酒瘾、烟瘾和毒瘾，都并非简单的依赖问题，严重的有可能影响到生命健康、心理健康、家庭经济和正常的社交生活，比如家庭关系等。因此才需要戒毒、戒烟、戒酒。

人工智能技术在一定程度上也已经引发了类似问题。我们常常看到这样一个画面：本来一家人围坐在饭桌旁，应一起享受美食和亲密时刻，结果每个人都拿着手机，将自己封锁在自己的世界里，家人之间就没有了交流，这是一种非常反常的现象。

我认为成瘾本身有很多根源。从个人角度来看，可能涉及个人的性格倾向，有些人可能也有自制力不足的问题。但正如你刚才所说，现在手机上有很多吸引人的故事和视频。观看这些小视频可以在一定程度上减轻焦虑、放松心情甚至逃避现实。这也是事实。

但是为什么人们会如此焦虑以至于需要在虚拟世界寻找寄托？这可能还是要从多方面寻找原因，包括社会原因和技术原因。比如孤独、生活压力大，成人社会的信任缺失和无安全感等，都可能引发人们在虚拟世界寄托情感。另一方面，技术本身在设计上的诱导，包括拟人化的情感交互，给人一种虚幻的共鸣，很容易让人产生一种情感投射。这也与所谓的"注意力经济"或"眼球经济"有关。平台可以通过视频吸引你的注意力，观察你在某个画面上停留的时间，了解到你对什么感兴趣，然后想方设法地把这些内容推送给你、投喂给你。而被投喂的人本身还不知道这是一种营销方式。

其实你可以想象，成瘾造成了很多伤害：第一是对个人的伤害，这甚至影响到他的正常生活、工作和学习；第二是像我之前提到的，对亲密关系的伤害，一家人变得越来越陌生。当然，这可能有多方面的原因，比如原来家庭就不够和谐，经常发生争吵，这种情况下，人们确实还不如待在自己的小圈子里更自在、更没有压力。

在这种焦虑不断滋生的情况下，很多时候，人们为了保护自己，只能选择跟一个永远不会出卖、批评或责怪你的 APP 交流。因为当我心情不好，回去与家人倾诉时，如果家人没有理解我，反而来说我两句，我心里会感到很不高兴。但如果我把自己的不满情绪告诉社交类 AI 或 APP，它永远不会指责你什么。这时候，倾诉者就会感觉自己找到了一个听众，同时也不会受到任何伤害。这个时候，人工智能其实也起到了一种保护的作用。

因此，我认为我们现在需要真正地从结构上分析人工智能为什么会让人上瘾。除了个人原因之外，这里面还有家庭的原因、社会的原因、教育的原因，以及企业的原因。我们整个社会需要进行反思，政府也需要通过立法来加以规范。

尤其是对青少年来说，如果出现"AI 成瘾"，可能就跟游戏成瘾一样，如果一旦情况变得不可控了，个人不能控制自己了，社会如果又没有采取一定的措施，将对下一代造成很大的伤害。我们必须保护下一代，避免人工智能侵蚀我们的心灵健康。现在有人提出"数字健康"这一概念，我认为这非常重要。

> **"后真相时代，每个人都极易被操纵。'AI 对齐'是双刃剑，目前人工智能还不具备'良知'。"**

WAIC UP!：您刚才提到，如果生活中遇到一些不如意的地方，我更愿意向一个不会背叛我的诚实的人工智能倾诉。目前，人工智能已经被普遍运用在心理和情感陪伴的场景中。然而，与之相伴的是，有一些人在情感陪伴的过程中，被人工智能操纵自杀，世界各地都有类似案例。关于"AI 操纵"的议题，您有什么观点可以分享吗？

王国豫：我认为"AI 操纵"问题与刚才提到的人的脆弱性类似，每个人都有这样的问题。但很多年轻人可能还没有经历过更多的生活磨砺，因此很容易被操纵。

操纵可以有多种途径，但首先它要通过分析你的心理特征，了解你的兴趣爱好和性格倾向，然后控制信息来源，让你陷入"信息茧房"，失去对真相的把握，再作精准投放和宣传，从而让你失去判断力。像"剑桥分析"公司操纵大选的事件，就是通过非法获取海量用户信息，构建心理画像，然后进行信息灌输，实现对选举的操控。这实际上也是利用了人心理的脆弱性，它对个体的影响我们刚刚已经聊过了，但它还会对整个社会健康生态产生影响，比如操纵选举就直接影响到社会政治了。

此外，我们经常会发现一些比较简单的事件，被网络推手引向另一个层面，这导致大量的人把事情往相反方向推动，掩盖了事情的真相，这就是完全被舆论操纵了。

在这种情况下，如果缺乏多元化的信息来源，仅仅把网络作为唯一的信息来源，而不去通过官方和非官方的各种渠道进行验证，不具备比较和鉴别的能力，那就极易被操纵。

WAIC UP!：关于操纵方面，我们目前对人工智能的主体性或意识形态仍存在诸多疑问。有一种观点认为，"AI 操纵"的目的和手段与人类并未完全对齐。产生操纵的原因可能在于人工智能认为这种方式"对人类好"，从而导致了所谓"对齐鸿沟"问题。这涉及人工智能在后训练阶段一个非常重要的环节，即如何确保人工智能认为特别重要的事情与人类的价值观保持一致。这也是人们普遍认为抵御人工智能极端风险的关键手段之一。关于人工智能对齐方面的内容，您有什么可以与我们分享的?

王国豫：刚才你提到"AI 操纵"可能涉及对齐相关问题，实际上这也涉及算法的问题，但并非所有问题都属于算法，还有很多是人为操纵的部分。

我想补充的是，当我们讨论操纵时，我们不能简单地将责任推给算法，而是要认识到其中有很多是资本追逐利润的结果。

我记得有一篇文章叫《骑手，困在系统里》。这篇文章的标题似乎给人一种印象，即骑手的遭遇是算法导致的。这些骑手不顾一切地赶时间，甚至不惜冒着生命危险，有时候甚至会带来很多交通风险，都是算法技术造成的。我认为这种标题本身具有极大的误导性。这种情况背后的成因并非仅仅是算法，而是平台和资本家在追逐利润，利用算法作为中介，逼迫骑手不断压缩时间。如果没有资本在背后的操纵，单靠算法是不会造成这种结果的，况且算法本身仍然由人控制。所以我觉得从这一点上就不能把操纵问题完全归于算法。

当然，从技术层面来讲，对齐也是很重要的一个方面。我们现在强调"技术向善"，要对人工智能进行治理。从治理这个层面来看，例如刚刚讲到的平台方，其 AI

系统的设计者、算法工程师，包括整个平台的运行者和设计者，都需要接受伦理教育，并且在算法设计等过程中不能过分违背伦理。

此外，如果有这样的可能性，让技术本身帮助我们更好地找到一种更具伦理健康性的和可持续的算法，当然也是一件好事，因为每种算法后面都承载着特定的价值取向。近几年技术伦理学领域提出的"价值嵌入"理论，其实也体现了这一层面。也就是说，我们在算法设计过程中，应尽可能让算法朝有利于人类的方向发展，要最大限度地规避 AI 对人的潜在伤害，充分尊重人的主体性和社会的多元价值观念。

然而，对齐技术本身仍存在一定的局限性。我们其实还做过相关研究，去年还有一篇文章发表在 *Ethics and Information Technology*（《伦理与信息技术》）这一国际权威期刊上。我们的研究主要聚焦于对齐，以观察人工智能在多大程度上能够与人类价值观对齐。我们讨论了几种重要的对齐方法，包括无监督学习、监督学习和强化学习，并进一步延伸到基于人类反馈的强化学习的微调技术，发现它与人类的道德成长过程有相似之处。因为人也是通过不断学习、不断从环境的反馈中构建道德认知，逐渐养成良好的习惯。比如，在小学教育中，老师通过颁发小红花来强化学生的正确行为。这些过程都体现了环境反馈在道德学习中的作用。

随着个体的道德判断力逐渐增强，人们就会慢慢明白什么是对的、什么是错的。人的一个核心能力就是辨别是非。最初也许主要依赖于他人的示范与引导，但是到了一定年龄，随着我们自己的判断力的提高，会自觉选择向社会的公序良俗对齐，向法律法规对齐。随着独立思考和反思能力的增强，也会对不合理的法律法规提出质疑。

这正是人类作为理性主体的独特优势，然而人工智能并不具备这种能力。现阶段来看，人工智能还没有自我意识，不能反思，因而也不具备判断真假善恶的能力。

另一方面，人类的价值观是多元的。你对齐的人是谁？你按照什么方式对齐？这本身也涉及很大的问题。当然，人类可以确立一个基本伦理底线，比如不伤害、诚实和尊重人与生命，但并非所有人都认同这些原则。如果这个算法掌握在一些与我们价值观背道而驰的人手里，他们可能连最基本的底线都无法坚守。

因此，一方面，我们需要尽可能引导人工智能向符合人类福祉的方向发展；另一方面，在目前这样一个人工智能还没有"良心"的阶段，我们不能完全将自主权交给人工智能，这是不合适的。

"要警惕信息茧房里的算法决策，防止'责任鸿沟'，责任设计必须前置。"

WAIC UP!： 目前我们认为人工智能的超级智能时代尚未到来。不过，我们下面提到的这个问题，对超级智能时代会有一定的前瞻意义。比如，人工智能的社会融入与责任界定问题变得尤为关键。这个问题不仅存在于超级人工智能时代的将来时，其实在当下也已初现端倪。比如前段时间，某知名品牌旗下的智能驾驶汽车出现事故，导致驾驶员和乘客丧生，这一事件引发了广泛讨论，其中就涉及智能驾驶的责任归属问题。关于如何构建超级人工智能（包括智能设备）的责任认定体系这一问题，您有什么看法可以与我们分享？

王国豫： 你刚才讲得非常正确，关于人机融合的责任

问题，不是未来时而是现在时。

我们其实正在逐步走向人与机器的混合，当下的决策看似是人类独立完成的，但实际上很多信息来源都是智能算法推荐的，很多决策都是在人机的共同作用下完成的。以医疗领域为例，在辅助诊疗和医学影像诊断中，医生虽然负责最终的决策，但医学影像的分析结果是由技术呈现出来的，也就是说，算法在很大程度上为你提供了判定依据。所以我们在技术哲学中就要讨论技术调节人类认知的中介作用。虽然最终决策并非完全由算法作出，但实际上这已经是人机共同参与决策的结果了。在这种情况下，责任分配的问题就显得尤为重要。

最近在一篇文章中，我专门谈到这个问题，里面涉及一个脑机接口的案例。案例当事人在身体内植入了芯片，最后由于芯片的作用，他做出了违法行为。其中就涉及一个问题：当技术干预改变了个体的"同一性"，责任归属该如何判定？当事人认为，自己本来的性格并非如此，他植入芯片后，"个体同一性"发生了改变，"我已经不是我了"，并将异常行为完全归咎于技术因素。这样一来，当事人、医生和相关所有人都可以

免责，最终只能由没有自主意识的芯片来承担全部责任。

最终，医生把植入的芯片拿掉了，让当事人又回到了过去的病痛状态。

案例中将责任归咎于人工智能，这是我们所讨论的回溯性责任。一旦做错，我们就会去寻找责任方，最终往往会指向人工智能，因为它在其中确实起到了关键性作用。然而，从责任伦理学上讲，这种责任实际上只是描述性的。你看到的是因果关系，人工智能似乎在这里起到了很重要的作用。但我们要认识到，从严格意义上来讲，责任本质上是一种诠释建构的概念，不仅仅是一个事实因果关系，而是当我们谈论"谁应该负责时"，必须要明确三个关键维度：依照什么样的标准、对什么样的事件、承担何种程度的责任。当然，这些衡量标准最终都是由人类社会来建构和裁定的。

比方说，人工智能在这里可能起到负面作用，但为什么会起这样的作用？芯片可能导致人的异常行为，但开发商是否做过充分测试？医生是否对患者进行过全面评估？

虽然技术的反应因人而异，而且存在着不确定性，但责任认定不能含糊。就像之前的自动驾驶事故所揭示的，如果从前瞻性责任出发，就应该有预警机制，在这个事情没有发生之前，就要想到有可能会发生什么。回到芯片这件事上，植入芯片后，医生需要对患者进行一段时间的跟踪观察，这是医生的基本责任。

因此，在讨论责任时，我们不能仅限于因果关系或者描述性关系，而应从系统性角度考虑。责任本身是系统性的，尤其在人工智能时代，这会涉及多方主体。那么在此之前，我们就应该构建一个详细的责任模型，包括主体责任、连带责任、因果责任、前瞻性责任等，不同层次的责任应该明晰清楚地展现出来。一旦出现模型内的相关情况，就应立即触发预警，明确谁应该负责。这一切都应该是前瞻性的，而不至于等到事故发生后，责任就蒸发，谁都没有责任，就剩下机器的责任。机器怎么会凭空出现这些问题呢？这些事情必须要有前瞻性的责任划分。

更多大咖观点，请扫描封底二维码前往线上版，观看完整视频内容。

研究团队

核心主创

世界人工智能大会组委会办公室

科技部 2030 人工智能安全与发展课题

《WAIC UP!》期刊编辑部

策划设计

瞿晶晶　上海人工智能实验室 副研究员

　　　　WAIC 战略顾问

　　　　科技部 2030 人工智能安全与发展课题负责人

报告研制、资料整理：

邹　慧（上海大学）

宫海星（复旦大学）

Rachelle Qin（纽约大学）

曾冠霖（纽约大学）

平台支持

问卷星 · 决策鹰

WAIC UP》
MORE

曾 鸣 》》》

曾鸣书院创始人
阿里巴巴集团前首席战略官

《AI N 问》人工智能产业应用专题报告
——曾鸣：AI进入产品化拐点，要寻找
技术与商业的"甜蜜点"

WAIC UP! 按:

在 人工智能快速演进的当下，产业应用正成为 AI 技术真正"落地生根"的核心场域。从语音助手、智能客服到多模态终端、AI 原生硬件，人工智能正在深度嵌入商业系统与社会结构，驱动产品革新，重构产业逻辑。

由 WAIC 与科技部 2030 人工智能安全与发展课题组联合发起的《AI N 问》系列调研专题，延续首期愿景，通过公众调研和大咖访谈，聚焦人工智能发展中最具争议性与前沿性的问题。继首期"人工智能治理"主题之后，本期以"人工智能产业应用"为专题展开深入探讨。

相比宏观层面的议题，人工智能在产业中的应用更直接地影响每个组织的运营模式，也更清晰地展现人工智能影响世界的方式：它如何催生全新产品形态，重塑行业逻辑，改变劳动力结构，并最终反馈、重构人的行为与价值。这既是一场技术工程挑战，也是一场社会实验，更是一场关于未来经济组织形态与人机关系的重要探索。

首先，我们来看看"大家怎么说"：

本期《AI N 问》聚焦人工智能产业这一核心议题，邀请牛津大学赛德人机交互实验室（HAI Lab）主任胡可嘉教授提出 5 个产业前沿性问题，面向公众发起调研。最终一共收集到 1356 份有效问卷。

胡可嘉，牛津大学赛德商学院管理科学系副教授，Dip AI 高管项目的项目主管。研究方向是数据驱动的决策和人机交互，全球 40 岁以下 40 位最佳商学院教授之一，国际顶级期刊 *POMS* 高级编辑，IEEE Transaction（科技管理部）部门主编，国际协会 INFORMS 服务科学副主席。

同时，我们也来听听"大咖怎么说"：

本期重磅嘉宾——曾鸣书院创始人、阿里巴巴集团前首席战略官曾鸣，将以其深厚的行业经验和前瞻性的思考，为我们揭示 AI 技术在商业化应用中的机遇与挑战，并为 AI 企业如何在全球价值链中占据更高位置提出宝贵建议。

曾鸣，曾任阿里巴巴集团总参谋长，湖畔创业研学中心教育长。他在哈佛商学院出版社出版的 *Dragons at Your Door* (2006) 和 *Smart Business*(2018) 都成为了各自领域的权威著作。他多次被 Thinkers50（全球最具影响力的 50 大管理思想家）组织选为全球领先的战略思想家。他在中国出版的《略胜一筹》《龙行天下》《智能商业》《智能战略》等著作影响了几代中国企业家的思考。

曾鸣于 1991 年获得复旦大学世界经济专业学士学位，1998 年获得美国伊利诺伊大学（University of Illinois at Urbana-Champaign）国际商务及战略学博士学位。

看看大家怎么说：

问 1： 您认为 AI 即将迎来寒冬还是暖春？

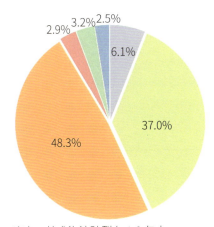

- 寒冬，技术泡沫破裂在 1-2 年内
- 寒冬，技术泡沫破裂在 5 年内
- 寒冬，技术泡沫破裂在 10 年内
- 暖春，奇点来临，应用将在 1-2 年内大爆发
- 暖春，奇点来临，应用将在 5 年内大爆发
- 暖春，奇点来临，应用将在 10 年内大爆发

这项调研数据清晰反映出市场对 AI 发展的高度乐观预期：仅有 5.7% 的受访者担忧短期内（1—5 年内）会出现行业泡沫破裂，而超过 85% 的受访者认为 AI 将在 5 年内迎来应用爆发期，其中近半数（48.3%）预期 1—2 年内即可实现突破性进展。这一显著反差——泡沫担忧者不足 6% 与应用爆发预期者超 85%——表明当前行业共识已从"是否成功"转向"何时成功"。

市场信心之强烈，反映出业界对 AI 技术成熟度和商业化前景的普遍认可，预示着产业应用即将进入加速发展阶段。

问 2： 您认为哪项 AI 技术将对社会产生最具变革性的影响？

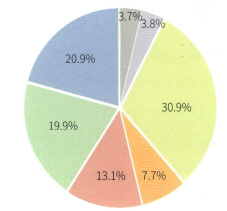

- 生成式 AI（如 ChatGPT、Midjourney 等生成文本、图像、视频的技术）
- 深度学习（如图像识别、语音识别、自然语言处理的基础技术）
- 强化学习（如 AlphaGo、自动驾驶中的决策优化技术）
- 计算机视觉（如人脸识别、物体检测、图像处理技术）
- 机器人技术（如人形机器人、工业机器人、服务机器人）
- 边缘计算与 AI 结合（如智能设备本地化 AI 处理技术）
- AI for Science（助力蛋白质预测、可控核聚变研发等）
- 其他（请补充）

调研数据揭示了公众对 AI 变革性技术的认知偏好特征。

机器人技术以近 31% 的得票率占据绝对优势，远超蛋

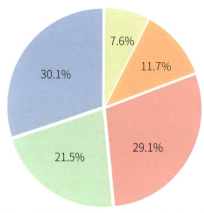

白质预测等科研领域（3.7%）应用，反映出大众更关注可见性强、直接关联日常生活的技术突破。机器人技术（30.9%）与生成式 AI（20.9%）、深度学习（19.9%）共同构成前三名，合计占比超 70%，凸显出"具身智能"和决策优化技术的关键地位。这种分布源于三重因素：首先，工业自动化、服务机器人等应用已进入商业化阶段，公众感知度较高；其次，人机交互场景更易引发共鸣，相比边缘计算等底层技术或核聚变等专业领域更具直观吸引力；最后，媒体对仿生机器人、自动驾驶等话题的持续关注塑造了集体认知。数据同时暴露出认知偏差的现象——基础科研类 AI 技术虽具深远影响力，但其公众关注度与实际价值存在明显错位，这提示需要加强科学传播以平衡技术认知结构。

问 3： 您认为 AI 公司主要靠什么赚钱？

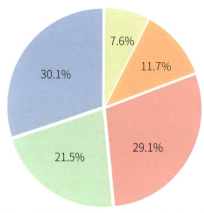

- 产品销售：AI 公司通过销售 AI 软件产品（如自然语言处理软件、图像识别软件等）和 AI 硬件产品（如智能摄像头、智能音箱等）来获取收益
- AI 云服务收取开发者算力费用
- 数据销售与广告：AI 公司收集、整理和分析数据，形成具有商业价值的数据产品进行销售，或利用用户流量和精准广告投放技术赚取广告费用
- 政府补贴和投资
- 收取"AI 智商税"进行咨询培训等
- 其他（请补充）

调研数据反映了公众对 AI 行业商业模式的理性认知。仅有 7.6% 的受访者认为"AI 智商税"（概念炒作的培训咨询）是主要收入来源，而产品销售、数据销售与广告等务实的商业模式获得更高认可。这一结果揭示了两个重要趋势：其一，AI 行业正从早期"概念炒作"阶段转向产品化和商业化落地，公众对行业发展的认知趋于成熟；其二，数据变现和广告模式的高认可度

表明公众已意识到 AI 公司的核心优势在于数据驱动能力，这与互联网行业的营利逻辑高度一致。

问 4： 您认为未来 10 年哪家公司将在 AI 产业中领跑？

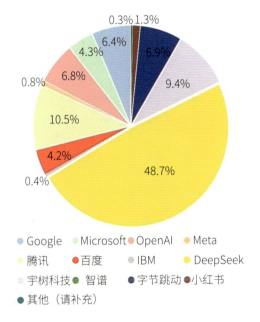

调研数据揭示了国内受访者对 AI 产业格局的前瞻判断，呈现出三个显著特征：首先，DeepSeek 以超 48% 的压倒性占比成为最被看好的未来领跑者，反映出其在技术突破、市场影响力方面的强势地位，这可能得益于其在通用大模型或垂直领域的突出表现；其次，国内科技企业表现亮眼，腾讯、字节跳动等巨头

与宇树科技等新兴 AI 企业合计占比超 23%，明显高于 OpenAI 6.4% 的投票率，显示本土市场对国内企业技术自主创新能力的信心增强；最后，谷歌等国际巨头的低占比暗示受访者认为其在创新速度或本土化适应能力方面存在不足。这一结果既可能反映真实的技术发展趋势，也可能受到样本结构（以国内用户为主）或近期行业热点事件的影响，体现了公众对 AI 产业竞争格局的本土化认知倾向。

问 5： 您认为 AI 将如何影响艺术和音乐等创意产业？

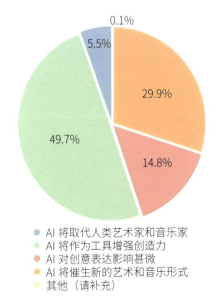

调研数据揭示了公众对 AI 与创意产业关系的多元认

知。近半数（49%）的受访者将 AI 定位为"创造力增强工具"，表明主流观点支持"人机协作"模式，强调 AI 的辅助性而非替代性，这与当前 AI 绘图、AI 作曲等工具的实际应用高度吻合。30% 的受访者预见 AI 将催生全新艺术形式，反映出大众对技术重构创作范式的期待。算法生成艺术、交互式叙事等新兴领域已初步验证这一趋势，预示着创意产业边界的持续拓展。仅 5% 的受访者认为 AI 会取代人类创作者，这一乐观态度可能源于当前 AI 作品在情感深度、文化语境等方面的作为，但也可能低估了技术迭代对基础创意岗位的潜在冲击。值得关注的是，占比 14% 的"影响有限派"与"工具认同群体"共同构成保守阵营，暗示艺术创作的人文价值仍被广泛认可。这种分化反映了社会对 AI 技术边界认知的差异性。

听听大咖怎么说：

一、AI 产业现状剖析
● **AI 处在应用大爆发的前夕**
● **也要注意泡沫破灭的可能**

WAIC UP！： 两年前您提出技术变革带动商业变革存在四个阶段 [1]。站在当下，AI 处于产业发展的什么阶段？如今大模型发展迅猛，有人认为已达产业爆发奇点，也有人觉得是泡沫拐点，您如何判断？

曾鸣： 去年年底的时候，我有一个强烈的感觉，就是 AI 要快速进入商业化的阶段了，或者说产品化的阶段。因为大模型从 ChatGPT-4 以后，到 ChatGPT-4o，在推理上又有一些突破。从整体上看，大模型的智能已经达到可在多场景充分应用的程度。然而，它又进入一个阶段性的瓶颈，就是 ChatGPT-5 一直没出来，原本期待的智能突破未能实现，导致目前大模型能力停留在相对稳定期。

同时，基础设施成本几乎呈指数级下降，这得益于芯

---

[1] 四个阶段：泡沫阶段、早期渗透阶段、原生应用阶段和驱动所有行业的阶段。

片性能提升、数据中心整合及各种中间件基础设施服务的进步，使用成本急速下降。这标志着通用技术进入新拐点，开始进入大规模商业化应用的典型阶段。

随着今年春节 DeepSeek 出圈，加上 Manus 开始研发端到端通用 Agent，业界意识到商业化阶段的主打产品就是 Agent。Agent 可有不同形态，我认为未来两三年是以 Agent 为代表产品的 AI 应用爆发期。

不过在此发展阶段，仍存在泡沫破灭可能。这源于两个方面：首先是根本性问题，即技术突破前期的海量投入与商业价值实现之间存在时间差。这正是前几年一直被追问的问题：6000 亿美元的投入仅产生 600 亿美元的收入，这种模式是否具有可持续性？我认为回答这个问题可能还需要一两年的时间。

其次，大模型的竞争加上 DeepSeek 开源，使大模型商业模式和盈利能力面临挑战。若资本市场认为大模型领域估值过高，出现调整，导致所谓泡沫破灭也很正常。但这只是短期现象，不影响 AI 技术真正开始进入产品化应用阶段。

WAIC UP！：大模型当前面临商业化落地的瓶颈，与此同时具身智能等成为热门方向。这样起起伏伏的发展态势是否符合您提出的商业规律？

曾鸣：纵观过去 100 年甚至 3000 年的人类技术发展曲线，基本都遵循这样的规律。因此我提出四个发展阶段的理论，每个阶段约 10~15 年，这个基本规律是比较一致的。

但具体到我们今天的场景，因为大模型整体性能遭遇阶段性的瓶颈，这个时候大家便转向热炒具身智能，觉得这是下一个更大的热浪。但我个人认为具身智能的成熟可能还需要 10 年左右。

虽然大模型的智能突破暂时碰到一些瓶颈，但是 AI 的应用其实正在开始，并没有瓶颈。只是我们需要时间去结合各种场景，去理解用户的真实需求，找到技术与商业结合的"甜蜜点"，这些都需要时间和积累。所以我不觉得现在 AI 的商业化落地存在瓶颈，毕竟再怎么发展也需要一两年的时间去形成这样一个势能。

二、AI 应用与产业驱动力
● 大语言模型吃透人类知识之后
● 穿戴设备将成为下一个爆款

WAIC UP!： 我们之前针对公众做过 AI 产业应用调查，询问日常生活中接触最多的 AI 应用是什么？结果 93.7% 的人选择了语音助手。您觉得语音助手受欢迎的原因是什么？在这背后产业发展的推动因素有哪些？

曾鸣： 这轮 AGI（通用人工智能）的核心技术是基于 Transformer 的大语言模型，也就是 GPT。从 GPT-3.0 开始出现了所谓智能的涌现，但技术出圈的关键节点是 ChatGPT，也就是一个对话的产品。所以，在语言助手和这次技术的突破，以及我们的使用习惯之间形成了很好的匹配。因为语音对话是人类沟通成本最低的一种方式。

大语言模型的突破在于两个方面：第一是把语言给吃透了；第二是把所有沉淀在文本里的人类知识给吃透了。所以它既可以没有障碍地用自然语言的方式跟人交流，又能回答你提的各种各样的问题，只要是知识型的问题，而且是现有知识覆盖了的。正因如此，它

带来了用户体验的飞跃。比如它几乎没有语言障碍，虽然它的语言表达可能稍带 AI 的痕迹，但在大部分场景下，已经足够自然了。我觉得这个技术和人的使用习惯之间的匹配，使得语音助手成了这一轮技术进步的第一个突破性产品。

WAIC UP!： 我们的另一项调研显示，公众认为机器人技术、生成式 AI、机器学习是未来最具社会颠覆性的人工智能技术。您认同吗？若着眼未来 5~10 年，您认为最可能成为爆款的 AI 产品是什么？产业驱动力会有何变化？

曾鸣： 从技术的角度，我刚讲到大模型遇到了一个阶段性的瓶颈，但是在大模型领域还有很多特别值得去努力的方向，比如多模态就有非常大的空间。多模态中有一个是对物理世界的理解，就是所谓的世界模型。如果没有这个，机器人根本就无从谈起，所以需要先突破视觉大模型，才会有后面的技术创新。因此，我比较看好的还是多模态，特别是视觉大模型的突破。因为它可以给我们带来很多不一样的体验。人的视觉其实是先于其他的感官发展的，如果没有视觉的发展，大脑其实根本就没有智商可言。

基于这样一个基本判断，我觉得未来 5 年左右，多模态，特别是视觉模型，将会有很大的突破，我们很有可能看到一个特别创新的产品，也就是大家一直在讲的——很期待 iPhone 之后的那个产品是什么。我觉得在那个时间点上，这一轮技术革命会迎来自己的原生硬件，它可能是某种眼镜跟耳机的组合，因为眼镜是最自然的视觉交互入口。

三、AI 商业模式展望
- **收入模式的创新是关键**
- **应避免陷入膝跳式反应**

WAIC UP!： 您曾经在曾鸣书院讲座中分析过 AI 公司未来的收入来源。那么从您深厚的从业经验和专业角度来看，您认为未来 AI 公司的收入主要来自哪里？是产品销售，还是云服务算力和数据销售，或者比如说咨询相关的业务？

曾鸣： 简单的回答是不知道，哈哈。因为收入模式，包括广义的商业模式的突破，是技术转化为成熟商业应用中最难、最重要的一点。其中经典的例子就是谷歌，其真正在搜索领域里形成绝对垄断地位，关键的突破点在于发明了 Pay for Performance（P4P）这种效果营销的新技术。这个技术带来了一个新的商业模式——任何广告不管它流量多小，都能够卖个价钱，这个价钱是由市场实时竞价决定的，这就实现了广告效率的极大提升。广告业能占整个 GDP 的 2% 左右，因此整个效率的提升最终促成了巨大的收入突破。

所以我想强调的是，收入模式的创新其实是商业创新中最重要的组成部分，也是技术创新商业化绕不过去的一个坎。但是你刚才提到的——从这个角度来看——我认为卖数据肯定是错的，简单的咨询服务肯定也行不通。虽然在早期类似集成咨式的服务还是有价值的，但却非长远的原生收入模式，只是某一种产品模式。但是这个产品到底是什么，现在还是一个很开放的问题。包括大家卡在大模型上，也是因为找不到大模型合理的收费模式。无论是 API 还是会员费，都属于基本的传统收入模式，并没有出现比较大的创新。

WAIC UP!： 我们看过一个资料，调研团队在研判各个大模型厂商的收入来源时，比如像 DeepSeek、百度、字节等，很多人认为他们是基于自己的企业生态在创收。您能否畅想一下，大模型这种付费模式的颠覆，或者这种营利的颠覆会来自哪里？

曾鸣： 大模型可能有两条路。一条路是开源，能把这条路走得非常极致也特别重要。因为我们无法想象，如此重要的基础技术，只被少数两三家公司垄断。所以能有一个社会化的、技术足够强大的开源体系是非常重要的。当然，将来用哪种方法让这个开源体系更合理地分摊掉成本，我觉得那条路是不难找到的。

第二条路就是基于封闭的大模型打造出能代表未来场景的产品和服务，它可以获取比较高的收入和利润，可以让企业用自己的收入持续投入研发。这就是谷歌在搜索和 P4P 广告出来以后的状况。所以我觉得在这个意义上，大模型还没演化到在技术上可以形成用户体验的突破，让大家愿意去付费。就像我刚讲到的 AI 硬件，我相信不管是 8 年还是 10 年，出来以后大家肯定愿意买单。这相当于是多了一个加强大脑，无非就是多了一个眼镜而已，但其他的体验比现在好很多很多，那用户肯定会买单。那个时候，对于 AI 的持续投入就有了经济上的保证。

WAIC UP！： 您去年在哈佛大学演讲中提道，不应再把中国公司视为"低成本竞争者"，尤其是低劳动力成本。中国公司具备一种创新的战略，即"成本创新"，

其包含两个核心元素：一是降低成本，二是创新。请问这两个概念的区别是什么？智能商业时代，如何平衡成本与创新的关系？

曾鸣： "成本创新"这个概念是我 2006 年提出来的。1998 年我回国做研究，就是在研究中国制造业中的各个行业，中国本土企业是怎么超越跨国公司，并在国际化上取得大的成功。那项研究最主要的一个案例就是华为，后面 2007 年由哈佛商学院出版社出版了《成本创新》那本书。其实当时是试图回答一个所谓的悖论：为什么中国企业可以有这么强的成本竞争优势。大家认为低成本和创新这两件事情本来是矛盾的，但中国企业恰恰在这上面找到了突破的路径。

一方面，中国企业可以用低成本去做好创新，这在过去 20 年的发展中已经被证明了，那就是生物医疗。为什么中国人进展这么快？因为我们有海量的生化 PhD（博士），可以几百个人去做一个实验，才会出现像药明康德这样的公司。另一方面，我们的创新很大一部分就聚焦在怎么降低成本上，硅谷公司的创新则很少关注这一维度，他们一直在看技术能再往前走多远。

以前大家对中国企业有个误解，觉得你就是靠资源成本低、污染环境来降低成本。但实际上，他们完全低估了中国企业用创新方法降低成本的能力。所以这次看到 DeepSeek 的案例，我特别开心。20 年了，中国企业用这样的竞争战略已经走了这么远。

DeepSeek 这次让硅谷震撼的地方在于两个方面：第一它真的有原创；第二这个原创真的让成本急剧下降了。所以现阶段——就是我们刚讲的正在开始产业化、商业化的阶段，成本的下降是非常重要的。谁能把成本降到一定的程度，谁就有更大的竞争优势。所以我觉得 DeepSeek 正好是中国成本创新的一个极佳案例，而且也能从源头看到，中国的劳动力质量正持续提高。大家看到 DeepSeek 里很多都是清华大学、北京大学的年轻毕业生，他们受过非常好的基础训练，又有了这样一个大的机会，又不受各种成见的制约，会想到各种各样的点，因地制宜去突破。

WAIC UP！：您提出"看十年，想三年，干一年"战略理念。但目前国际环境复杂，技术变革的不确定性也在增高。对于 DeepSeek 这样的企业，或者更年轻的初创企业，他们如何能够看到 10 年？他们又该如何

把握接下来 3~5 年的确定性呢？

曾鸣：这个问题还真的是一个很大的挑战。我们讲百尺竿头，更进一步。但越往上越难，对这批企业来说，越往后挑战越大。比如说我们刚刚讲到 DeepSeek 在多模态上能不能形成实质性突破，什么时候能够在更原创的方面作出自己的贡献，这些只会越来越难。其实，在这个过程中更多强调的是要通过愿景驱动。就像我讲的"看十年，想三年，干一年"，特别适合大的技术变革催生的商业创新，因为需要不断地作战略探索，才能在持续 10 年的技术转型期——商业大变革时期中，最终找到你的产品价值、用户价值和商业模式的突破。这个探索过程是非常困难的。

以机器人领域为例，王兴兴就有很清醒的认识。虽然过去 10 年的坚持让他们在人形机器人方面有了很好的积累，但是他也清晰地看到机器人的大脑和人脑之间还有很大的差距，而这个差距的跨越，就需要世界模型的突破，而世界模型的突破又回到了大模型最前沿的原创突破。这个事情对于一个硬件出身的，或者说缺乏大模型积累的公司而言，需要很长远的规划。如果真的志在原创突破，投入将呈几何级数地上升，那

这个钱从哪来？这些都得作好预先的规划。

所以实际上越是大创新，越需要大战略；而越是大战略，越需要一个持续迭代的战略生成系统。从这个意义上来说，我有点在向"机器学习"学习，AI 其实就是"机器学习"。所谓"机器学习"，就是不断地根据外界反馈，把所有的假设都 reset（重置）一下，更新所学的知识，再重新去看未来。这个框架帮助创业者去理解，如何维系短期、中期、长期的动态平衡，而这个张力才是企业持续发展的最核心动力。

WAIC UP!： 您认为中国企业如何在全球价值链中占据更高位置？目前最大的挑战是什么？以 DeepSeek 为例，怎样更好地抓住机遇实现突破？

曾鸣： 这个问题其实特别难，我在很多场合都劝大家要有耐心，"行百里者半九十"，你看着好像剩下十里，其实每一里都越来越难，因为这是一个综合国力的竞争。同时也要对全球的地缘政治经济环境有更深刻的了解，我们看到所有挑战背后，还有一个更底层的原因，就是各个国家其实也没有想好怎么应对 AI 的冲击，所以仍处在一种"膝跳式反应"里——更多是在传统框架下互相责怪，而没有从 AI 改变世界的角度去探索未来应该怎样更好地合作。所以我们卡在这个混乱的时间点，这时会觉得很多事情都很难推进。我们不是处于一个周期性的变化中间，而是在一个长周期转型的进程里。

此外，我觉得出海非常重要。我前两天听到一位长期扎根东南亚的朋友回来说，他们特别想在东南亚围绕 DeepSeek 做一个开源的 AI 生态，这将能够覆盖东南亚三四千万华人，其中印尼就近 2000 万华人，马来西亚有将近 600 万华人。这不但能大力发展当地经济，让当地融入 AI 的发展，更将显著优化中国企业的 AI 生态格局。所以我觉得出海这块，有很多可以期待的地方。还有一点在于本土的建设，也就是中国的教育体系、创新创业的体系，包括融资的体系，甚至移民的框架，能否吸引全世界最好的科学家来中国创业，例如俄罗斯的科学家、意大利的数学家加盟到 DeepSeek 平台上，我觉得这也是非常重要的一环。

四、AI 对社会的影响
- **AI 能很好地解决供给问题**
- **但如何适应 AI 成为新问题**

WAIC UP!： 关于 AI 对人类创造性的影响，您更倾向于 AI 会取代人类艺术家，还是会为艺术家的工作激发更大创造力？

曾鸣： 我觉得 AI 时代会极大地释放人的创造力。就像过去 100 年电力的发展让我们从体力劳动中解放出来一样，AI 的发展也会让我们从大部分枯燥、重复的脑力活动中解放出来，从而有更多的时间和精力去开发我们的创造力，所以创造力一定是未来最重要的。未来在艺术领域，可能会出现几种情况：一是那些有很好的艺术感觉、但没有受过基本艺术训练的人，可能会找到更好地表达自己想法的方式；二是那些水平不高的艺术从业者可能会被淘汰，因为 AI 干得比他们还好；三是会出现一批更牛的艺术家，他们能够用好 AI 工具，让自己的原创能力得到更大的发挥。总的来说，大众的表达会大幅提升，一般的专业人士可能会被淘汰，但会出现新的顶尖艺术家。

WAIC UP!： 您最想用 AI 解决的社会问题是什么？为什么？

曾鸣： 我觉得有两个领域特别重要。一个是医疗，这个是当下能马上发力，且需要持续投入的方向。特别是面对中国快速老龄化的挑战，加上医疗本身已成为各个国家最大的经济负担——目前医疗资源的有效供给严重不足，优质医生、护士及服务体系普遍短缺。那么 AI 技术最大的突破就是解决供给问题，特别是知识型人才的供给。所以 AI 医生上岗辅助诊疗，势在必行。整个医疗的环节，都可以从 AI 的角度重新去设计流程，包括 AI Drug（AI 药物研发）也是一个越来越成熟的领域。整个医疗领域里面，我觉得既有巨大的社会价值，也能明确看到马上发力的地方。

另一个是教育，教育是更长远的领域。我们需要思考如何利用 AI 来培养未来人类适应新时代的能力，包括如何定义创造力、怎么培养创造力。比如 5 个月的小孩该怎么办，5 岁的小孩该怎么办，15 岁的小孩又该怎么办，挑战是完全不一样的。这一领域会更难，因为目前连方向都不太清晰，但却是必须突破的一个领域。

WAIC UP!：您对今天的年轻人有什么建议？如何在新的时代起点中找到自己的定位？

曾鸣：我觉得首先还是要意识到这是一个不可避免的大变革，而且趋势是非常确定的，所以顺势而为是唯一的方法。差别无非是你多坚决、多主动地去拥抱它，但 AI 变化应该是非常快的，如果你做太功利的选择，我觉得会很困难，核心还是要回到自己最想做的事情上：想想看自己对什么事情真的有激情？有了激情以后才有动力，有了动力以后，就会去考虑到底要学点什么。

最重要的是，你找到的这个机会是能够让你学习和成长的。如果只是利用过去一些有限的积累，去找一两个还能变现的机会，那可能再过个 5 年，这个机会又被 AI 淘汰掉了。所以怎么跟上 AI 的步伐，找到一个未来时代你能加入、又能和 AI 协同发展的方向，才是最重要的。

更多大咖观点，请扫描封底二维码前往线上版，观看完整视频内容。

研究团队

核心主创

世界人工智能大会组委会办公室

科技部 2030 人工智能安全与发展课题

《WAIC UP!》期刊编辑部

策划设计

瞿晶晶　上海人工智能实验室 副研究员

　　　　WAIC 战略顾问

　　　　科技部 2030 人工智能安全与发展课题负责人

胡可嘉　牛津大学赛德人机交互实验室主任

　　　　管理科学系副教授

报告研制、资料整理：

邹　慧（上海大学）

宫海星（复旦大学）

Rachelle Qin（纽约大学）

曾冠霖（纽约大学）

平台支持

问卷星 · 决策鹰

WAIC UP»
MORE

袁振国 ▶▶▶

华东师范大学终身教授
博士生导师
《AI N 问》智能教育专题报告
——袁振国：智能教育，闪耀在
人工智能皇冠上的"璀璨明珠"

WAIC UP! 按:

凭借庞大人口基数提供的广阔市场沃土与强劲创新动能，中国在人工智能领域已然跻身全球引领者行列。其中，智能教育更是以领跑之姿，引领着教育体系的深刻变革。作为人工智能领域冉冉升起的一颗"璀璨明珠"，智能教育正全面重塑教育图景，引发全球教育变革浪潮，驱动着人工智能产业的整体演变与升级。

值此之际，由世界人工智能大会（WAIC）与科技部 2030 人工智能安全与发展课题组联合发起的《AI N 问》系列调研专题第三期同步启动。本期将聚焦"智能教育"核心议题展开深度探讨。

本期问卷由上海智能教育研究院提供，该院于 2020 年 12 月正式成立，系华东师范大学与上海市教育委员会共建研究机构，教育部与上海市教育综合改革共建重点项目。2021 年入选教育部首批哲学社会科学实验室，2022 年纳入上海市 IV 类高峰学科。

这次的议题，也将我们引向更深层的思考：对学校而言，智能技术的加持是否会让学生过度依赖大模型？教师的角色是否会面临被边缘化的风险？学生、教师、AI 大模型三者之间的关系又将被如何重构？对社会而言，学校能否培养出满足时代需求的创新型人才？对国家而言，数字化浪潮下，发达与欠发达地区的教育鸿沟是否会进一步加深？对整个人类而言，若 AI 发展出类人意识与情感，它是否终将全面超越人类？

带着这些关乎未来的核心命题，让我们跟随本期调研专题的多元视角，共同探索智能教育的无限可能与挑战。

首先，我们来看看"大家怎么说"。

本期《AI N 问》选取了智能教育这一主题，设计了 15 道问题，希望能够深入了解社会各界对人工智能在教育领域应用的看法及其影响。相关的问卷调查，本期共收集到 1027 份意见。

同时，我们也来听听"大咖怎么说"。

本期重磅嘉宾——华东师范大学终身教授袁振国，将引领我们厘清人工智能大模型与教育的共生关系，精准剖析人工智能时代教师数字素养的核心要义，预见 AI 时代教学方式的深刻变革，揭示人工智能赋能大规模个性化教育的现实路径，深入腹地叩问智能教育的未来图景。

袁振国，华东师范大学终身教授、博士生导师，教育学部主任，兼任国务院学科评审委员会教育学组召集人等；曾任华东师范大学教育学系主任，教育部师范司副司长、社科司副司长，中国教育科学研究院院长，国家教育咨询委员会秘书长等职。长期从事教育学理论、教育政策研究。

看看大家怎么说：

一、关于智能教育领域的态度

如何看待智能教育领域？该领域的价值和前景如何？

问 1： "智能教育"旨在融合教育学与人工智能，以推动教育创新。您如何看待其发展前景？

总体来看，公众对于智能教育的发展有着较乐观的预判。大部分受访者认为智能教育有重要价值，其中一部分受访者认为智能教育是未来发展的必然趋势，有巨大潜力。这表明智能教育在未来教育中的潜力被广泛认可。

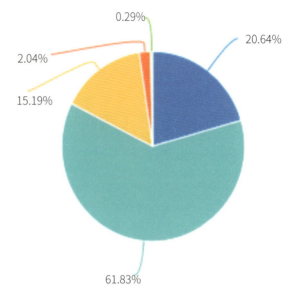

- A. 非常看好：认为是教育未来发展的必然趋势，潜力巨大。
- B. 比较看好：有重要价值，但需与传统教育深度融合，克服挑战。
- C. 中立：前景尚不明朗，效果有待观察，取决于技术成熟度和应用落地。
- D. 不太看好：概念更强于实践性，可能只是辅助工具，难以根本改变教育。
- E. 不看好：担心技术风险、伦理问题或可能加剧教育不公。

智能教育专业的价值和前景得到了大部分受访者的认可，是否能够吸引公众踏入该领域的学习和研究呢？接下来的问题调查了以学习为出发点，人们是否愿意参与到智能教育的学习和研究中来。

问 2：您或您的孩子会考虑报考智能教育相关专业吗？

过半的受访者表示会报考智能教育专业，其中部分是因为对教育与 AI 技术的交叉领域感兴趣，而另一部分是看好领域的发展前景和就业机会。但也存在一部分受访者由于担心专业体系不成熟、压力过大等原因而不愿意报考。这表明，尽管存在一些顾虑，大多数人对智能教育的未来持乐观态度。

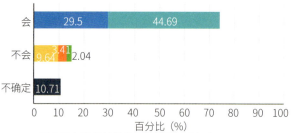

■ 因为看好该领域的发展前景和就业机会
■ 因为对教育与 AI 技术的交叉领域感兴趣
■ 觉得该专业体系不成熟，存在风险
■ 担心技术发展过快导致知识更新迭代压力大
■ 担心就业前景不明朗或市场需求有限
■ 需要了解更多课程设置、师资力量和未来发展

二、关于 AI 在教育中应用的态度

对于近期的人工智能发展浪潮中，大模型在各个场景得到了广泛应用。在教育场景下人们对于大模型的应用有怎样的看法和期望？

问 3：您如何看待大模型（如 DeepSeek）对教育的影响？

绝大部分的受访者认为大模型在教育中有积极作用，其中 51.31% 的人认为它可以辅助教学，23.76% 的人认为它能帮助学生制订学习计划并减轻教师负担。小部分受访者仍对其可能带来的依赖性问题和教育公平问题感到担忧。总体来看，大部分受访者认为大模型的积极效应能够弥补其可能带来的问题，并整体上对其持有积极态度。

人们认为大模型能够对教育产生积极的影响，那么对于 AI 技术的教育应用争议性问题应如何看待？例如，从教育领域日益关注的创造力角度来看，AI 技术的应用是否会产生与目标相悖的效果？

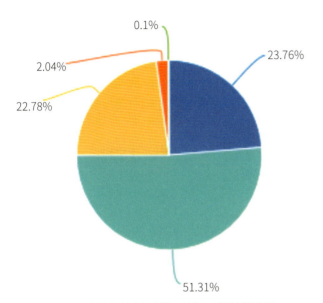

- A. 非常积极：它能帮学生制定学习计划，减轻老师负担。
- B. 比较积极：它可以辅助教学，比如批改作业或答疑。
- C. 中立：我觉得有好有坏，要看怎么用。
- D. 比较消极：可能会让学生太依赖技术，失去独立思考能力。
- E. 非常消极：我担心它会导致教育不公平，比如资源分配不均。

问 4：您认为 AI 技术对学生的创造力有何影响？

超过 53% 的受访者认为 AI 技术对学生的创造力影响取决于其使用方式，这表明人们对 AI 技术的看法较为谨慎，大多数人都能够对技术的应用保持辩证的思考方式。这一调查结果强调了使用方法的重要性。

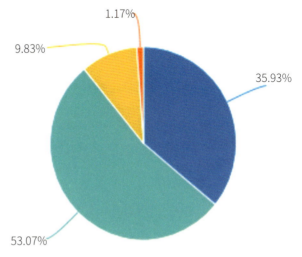

- A. 积极影响：AI 技术工具能激发学生的创造力。
- B. 中立：影响取决于如何使用技术。
- C. 消极影响：过度依赖技术可能限制想象力。
- D. 不确定：目前还看不出明显效果。

 三、关于教育转变和未来发展的看法

在技术发展对教育带来冲击和人才培养需求转变的双重背景下，教育的形式、内容等方面都可能发生改变。以教育评价改革为例，人们如何看待正在变化中的教育？

问 5：您如何看待未来的教育评价改革？（中共中央、国务院印发的《深化新时代教育评价改革总体方案》明确要求将德育纳入学生综合素质评价体系，强化过程性评价。改革重点破除唯分数、唯升学、唯文凭、唯论文、唯帽子的评价体系，建立以立德树人为核心的多元评价机制。）

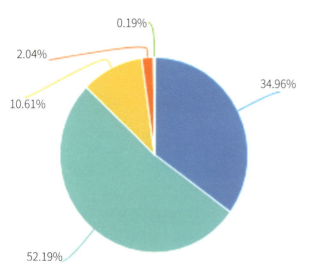

0.19%
2.04%
10.61%
52.19%
34.96%

- ● A. 非常支持：应该减轻考试压力，多看综合素质。
- ● B. 比较支持：可以尝试，但要谨慎。
- ● C. 中立：我还不确定效果如何。
- ● D. 比较反对：担心改革会不公平。
- ● E. 非常反对：我觉得传统评价更可靠。

从调查结果来看，超过 87% 的受访者（34.96% 非常支持 + 52.19% 比较支持）对未来的教育评价改革持积

极态度，认为应减轻考试压力，更多关注学生的综合素质。这表明社会对教育评价改革的接受度较高，尤其是在强调德育和综合素质的背景下。

教育评价改革获得了大部分人的支持，改变教育形式和内容已是众望所归。但是对于改革将往哪里去，要改成什么样，即未来教育的形态问题，人们又有怎样的看法和见解呢？

问 6：您认为青少年的未来培养需要哪些改变？（多选）

78.38% 的受访者认为需要更多个性化教育，显示出家长和教育工作者对根据青少年兴趣和能力定制课程的强烈需求。同时实践机会和跨学科学习的呼声也居高不下，说明动手实践，项目化学习以及基于整合多学科的、现实情景问题解决的教学模式，也逐渐受到家长和教育工作者的重视。

除了教学模式以外，在未来教育中，学生的学习内容和培养方向也是教育的重点和关注点之一。那么人们对于未来教育中，学什么的问题持有怎样的看法呢？

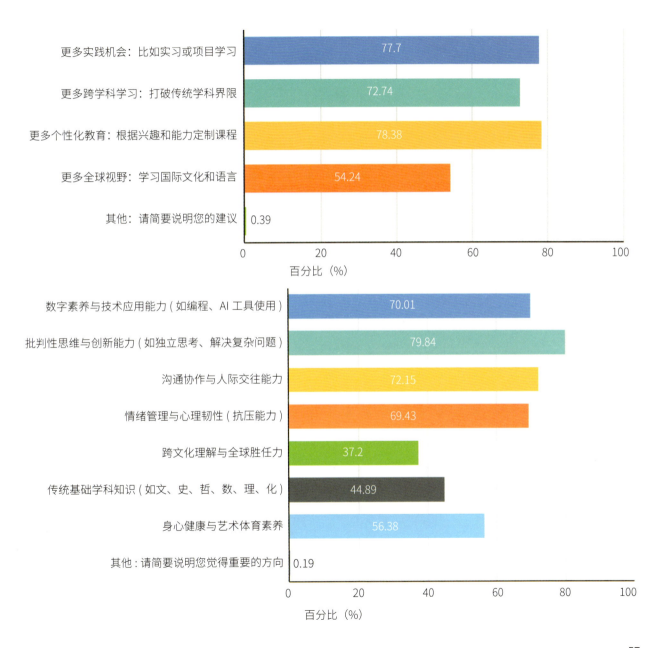

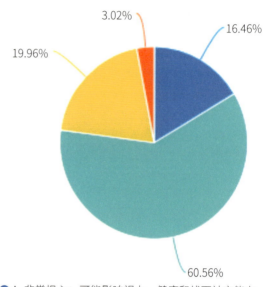

问 7： 您认为未来教育应侧重培养孩子的哪些方面？
（多选）

在调查中，79.84% 的受访者认为未来教育应侧重培养批判性思维与创新能力，这表明家长对孩子独立思考和解决复杂问题的能力寄予了高度期望。其次，沟通协作与人际交往能力、数字素养与技术应用能力也受到了大部分人的重视。

在教育数字化转型的今天，电子设备不可避免地进入了学生学习的过程。而使用电子屏幕进行学习的过程中，实际上暗含了学生的自制力与电子设备的吸引力之间的对抗，以及在学生学习效果与学生健康风险之间的权衡。人们对于学生的电子屏幕使用问题是如何看待的呢？

问 8： 您是否担心教育数字化转型会让学生过度依赖电子屏幕？

调查结果显示，60.56% 的受访者表示比较担心教育数字化转型可能导致学生过度依赖电子屏幕，认为需要学校和家长的引导。这表明公众对电子屏幕使用的潜在负面影响有较高的关注度。

16.46%

3.02%

19.96%

60.56%

- A. 非常担心：可能影响视力、健康和线下社交能力。
- B. 比较担心：需要学校和家长引导，合理控制使用时间。
- C. 不太担心：只要内容有益、使用得当，利大于弊。
- D. 完全不担心：这是时代趋势，学生需要适应数字化环境。

面对这样的担忧，应当采用什么样的方法来有效避免相关技术的错误应用带来的不良后果呢？人们期望的解决方式是怎样的？是否需要政府的介入？

问 9： 您认为针对 AI 在教育中的应用，是否需要政府推出更明确的指导政策或伦理规范？

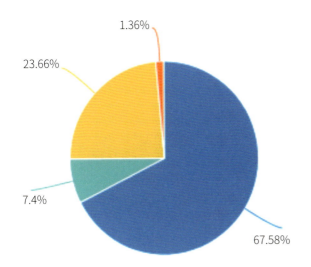

1.36%

23.66%

7.4%

67.58%

- A. 非常需要：应加强监管，确保数据安全、算法公平和教育伦理。
- B. 不需要：相信市场和技术能够自我调节和完善。
- C. 部分需要：应出台指导原则，但避免过度干预创新。
- D. 不确定：我没考虑过这个问题。

针对 AI 在教育中的应用问题，67.58% 的受访者认为非常需要政府加强监管，以确保数据安全、算法公平和教育伦理。这表明公众对 AI 技术在教育领域的潜在风险有较高的警惕性和重视程度。

最后，我们希望打破选择的界限，为受访者提供任意发表自己对于智能教育领域的看法和建议的渠道。我们来看看大家都说了什么吧。

问 10： 对于智能教育的看法和建议

现状

1. **监管不足：** 当前对智能教育的监管措施尚显不足，导致部分教育机构在使用智能教育工具时缺乏规范。

2. **依赖性问题：** 许多教育工作者和家长担心学生对智能教育的过度依赖，可能会影响他们的创造力和独立思考能力。

3. **个性化需求：** 虽然智能教育可以提供个性化学习，但在实际应用中，仍需结合学生的实际情况和需求。

4. **技术与传统结合：** 智能教育的推广与传统教育模式结合的程度不够，导致无法充分发挥其优势。

5. **数据隐私担忧：** 用户对数据安全和个人隐私的担忧依然存在，影响了智能教育的接受度。

措施

1. 加强监管： 建议政府及相关部门出台更为严格的监管政策，确保智能教育的健康发展。

2. 合理使用： 倡导在教育中合理使用智能工具，避免过度依赖，保持教育的多样性和灵活性。

3. 个性化教育： 推动智能教育的个性化功能，结合学生的学习特点和需求，提供定制化的学习方案。

4. 保护隐私： 加强对用户数据的保护措施，确保教育内容的合法性和真实性，消除用户的隐私顾虑。

5. 师生互动： 鼓励师生之间的更多互动，以提升学习效果，激发学生的学习兴趣和创造力。

综合性建议和意见

1. 政策引导： 建立完善的政策框架，引导智能教育的健康发展，确保其与传统教育的有效结合。

2. 培训与宣传： 对教育工作者进行智能教育的培训，

提高他们的专业技能和对智能工具的合理使用能力；同时加大对家长和学生的宣传力度，增强他们对智能教育的正确认识。

3. 多方协作： 促进教育机构、科技公司和政府之间的协作，共同开发符合教育需求的智能教育产品。

4. 定期评估： 建立智能教育的评估机制，定期对其应用效果进行评估与反馈，及时调整和优化教育策略。

受访者回答高频词

5. 关注心理健康： 在推广智能教育的同时，关注学生的心理健康，防范因过度依赖技术而影响其心理发展。

听听大咖怎么说：

"我们要跟人工智能大模型'交朋友'，把它变成一起'上台阶'的'同行者'。"

WAIC UP!： 我们在 WAIC 的公众号上曾发起过一项调研，1000 个参与者中有 75% 的受访者认为大模型会对教育产生积极作用，还有部分受访者表示担忧学生会过度依赖大模型。您对此有何看法？我们应该如何摒弃大模型带来的负面影响？

袁振国： 关注这个问题的人确实很多。不同国家和学校对此有着不同的规定，呈现出有趣的差异：有些采取开放态度，有些则相对保守。

最近我注意到一项很有意思的调研数据：在中小学教师群体中，约三分之二的人认为大模型的应用可能带来的负面影响大于正面影响。而在高校教师中，这一比例降至三分之一。这个数据很有意思，这说明教育工作者对低龄学生使用大模型的担忧明显高于更高年龄的学生。

我想这种差异可能有两个原因。首先，基础教育阶段的孩子们还在成长关键期，可塑性很强，其心理、生理的发育和成长，更需要熟悉的环境和传统的成长方式；其次，高等教育阶段的学生具备更强的自控能力。但是，这些担忧都是没有根据和事实的，多是自己的猜测。

事实上，倒是已有少量研究表明，合理运用大模型辅助学习的效果优于传统模式。以写作训练为例，当学习者借助大模型获得写作思路、进行互动交流，并通过对样本的借鉴和模仿，往往能在更短时间内完成更高质量的作品。

在大模型日益普及的背景下，我认为应该采取这样的态度：首先，要以积极的姿态拥抱新技术，避免在没有根据的情况下过度担忧甚至排斥。其次，更重要的是要跟人工智能"交朋友"，不要把它仅仅当成是一种工具，它其实是我们的伙伴。人工智能如果运用得当，这将不同于传统工具的使用，而是一种双向互动、共同成长的学习模式。

有人将人工智能比作"教练"，其实我不赞成这个说法。我认为 AI 可以成为学习的"同行者"，"同行者"就像一起"上台阶"的伙伴一样，我们相互支持、相互搀扶、相互鼓励。当然，关键还在于避免简单抄袭，要实现真正的深度学习与互动。我相信随着实践经验的积累，大模型在教育领域的积极作用将得到越来越充分的展现，而其潜在弊端则会得到有效控制。

WAIC UP!： 您刚才也提到，在基础教育阶段一些家长会对大模型的运用有一定的负面想法或者倾向。他们认为 AI 可以作为教师进行辅导，但前提必须是有真实的教师进行监督。您对此怎么看呢？

袁振国： 笼统地讲，这个观点是没有错的。但如果仔细分析，就会发现其仍然把大模型和人工智能理解为一个工具，认为我们只需要运用和监督好它即可。实际上，我们要对人工智能和大模型有一个全面的理解：当其发展为真正的智能体时，它是能够自我学习、自我完善和自我改进的，这点我们一定要清楚。

因此，整个教学过程并不只是学生与大模型互动、教师站在旁边进行指导这样的关系。实际上人工智能、学生和教师是三个主体，他们是互相学习、互相促进、共同成长的一种关系。教师的参与固然很重要，但是不能再用传统观念把教师理解为"我是知道一切的、我是完全正确的、我是完全先进的"角色。恰恰相反，教师尤其需要学习，教师需要与人工智能和学生共同讨论、共同激发、共同成长。

现在的学生作为智能时代的原住民，可能在很多方面的认知和能力已超越教师。同样，人工智能的学习速度也很快，它在技术不断改进、语料不断丰富的情况下，也会越来越发达。因此，这是一个三者互相学习、共同成长的过程。

WAIC UP!： 您刚才提到教师的素质是非常重要的，那您认为在当前这个时代背景下，应该如何去提升教师的数字素养？以及教师的角色会发生哪些根本性的转变？

袁振国： 这是一个非常聚焦的热点话题，也确实是当前教育领域具有挑战性的问题。我说的挑战性，尤其是指对教师这个职业带来了新的挑战。那么，关于数字素养，我认为有这么几个关键要素：

第一，是要培养对数字化、智能化的敏感性。这种敏感性表现为要有关心它、使用它并与之互相促进学习的意识，这种开放、包容的心态很重要。如果一开始就抱有排斥甚至恐惧的心理，那对自身数字素养的提升是非常不利的。

第二，是能够熟练运用各类数字技术工具。更为关键的是，要在运用过程中不断优化工具，能够和它一起不断地互相学习。

第三，我觉得是非常重要的一点，就是在使用数字产品和智能产品时，要对它产生的结果有判断力。这绝不仅仅是运用技术、用得好就行。

例如，PPT 可以通过呈现生动、形象、可视的画面，增强学习的兴趣和影响力。但如果 PPT 替代了传统教学中有优势的方面，比如说放弃了可以引导学生思维的板书，只是简单地呈现一个共识和结论，反而会削弱教学效果。所以，真正的数字素养不仅仅包括对现有技术的运用能力，更需要对技术应用效果进行评判，并实现新技术与传统成功教学方式的结合。

基于这样的定义，在提升教师数字素养的过程中，首要的是学会运用。实践为王、运用为王，在运用当中学习，在学习当中运用，这样我们才能不断改进，不断成长。如果总是在书本上说、在口头上讨论、在各类会议上交流，这个意义不大。当然，在运用过程中，我们应该相互交流、相互探讨一些经验和成果。所以，我们正在全国范围内征集教育数字化转型的优秀案例，就是希望通过这些典型案例的示范引领，促进大家互相借鉴、共同成长。

"实现教育个性化就是让教育'有选择、可选择'。智能教育不是'AI+教育'，而是'教育 +AI'。"

WAIC UP!：最近世界贸易组织对未来工作技能进行了一个调研，调研结果显示用人单位会格外注重学生的创造性思维能力。您认为在智能时代背景下，应该怎么去提升学生的创造性思维？

袁振国：在世界变化越来越快、新兴技术不断涌现、未来发展不确定性越来越明显的情况下，创造性思维确实越来越凸显出其重要性。那么，什么是创造性？通俗来说，创造性就是与众不同，你有跟人家不一样的想法，这个是创造性的第一要义或者第一原理。当然，与众不同不等于说你一定好，也有可能是胡思乱想的，或者在特定工作中，不能表现出它的价值。但首先，要与众不同，要有想象力，要有发散性思维。

那么如何培养创造性？尤其是在今天的情况下，我认为首要的是实现教育的个性化，就是有丰富多样的学习内容，以及适合于每个人学习的方法和手段。我把它概括为六个字，就是"有选择、可选择"。"有选择"就是有丰富多样的学习内容；"可选择"就是有方法和途径能获得丰富多样的内容。

举个例子，比如说超市，现代超市商品琳琅满目，顾客可以自由选择；而传统商店不仅商品有限，还需要通过售货员拿取，选择体验较差。因此，第一个是看它商品多不多，第二个是看它选择的渠道畅不畅通。这个道理拿到教育上是完全适用的，如果课程内容丰富多样，就可以根据你的需要任意选择；但如果课程内容很多，用同样的速度、同样的进度统一上课，你就没什么好选的。所以，既要有丰富的内容，又要有不同的渠道可供选择，这才是个性化教育，才能为创

造性的迸发营造良好的生态。

而人工智能恰恰就是可以突破传统教育的局限，发挥其独特作用。传统教育采用班级授课制，在固定的教室中，老师面向 30、40 甚至 50 名学生授课时，他不可能照顾到每一个人，实际上他只能照顾到一个"平均数"——这是一个抽象的概念。准确地讲，没有一个学生是真正的"平均数"，他们的学习能力和需求要么高于这个"平均数"，要么低于这个"平均数"。所以，从这个意义上来讲，班级授课制不能满足任何一个个体的需求。

而人工智能就不一样了。首先，它可以对每一个人进行刻画，有每个人的学习画像：学习水平、学习特点、学习风格、学习爱好……它都可以搞明白。其次，它可以把知识生成图谱，根据知识的图谱来匹配你的学习特点。你最合适的内容是什么？你最合适的难度是什么？你最合适的方法是什么？它还会根据你学习的变化不断调整。所以我说人工智能可以实现大规模的个性化教育，这就是人工智能的不可替代性，也是人工智能对于教育强国建设具有决定性意义的原因。它可以另辟蹊径，实现弯道超车。这是培养创造性的第

一个方面，就是教育要实现个性化，也就是我说的"有选择和可选择"。

第二，随着教学内容的变化，我们的教学方式一定要发生变化。这个方式最大的变化在于，从传统的"老师讲—学生听"这种接受性学习，转变为学生和教师在人工智能的陪伴下，在"三个主体"的作用下互相问答、互相激励、互相创造。这个是一个非常重要的特点。虽然我们说创造性是每个人与生俱来的特点，但是人的创造性更是在教育的过程中、在学习的过程中激发出来的。

2500 年前，哲学家苏格拉底就提出要用"诘问法"教学。苏格拉底是不给直接答案的，他总是通过层层设问引导学生思考。更早之前，孔子同样提出了"因材施教"的思想，这一思想比苏格拉底还要早。所谓因材施教，就是要根据每个学习者的不同特点，设计不同的问题，给出不同的答案。

而当下人工智能在教育领域的运用，正随着人工智能技术的发展和智能教育理念的革新，实现质的飞跃。人工智能不再仅仅作为一个提供答案的机器，而是变成一个能够深度对话、持续提出问题的智能导师。人工智能提问的水平，也直接体现了其教育应用的质量。

其实，我们思维的发展是一步一步的，每个人的发展特点是不一样的。比如说我们在跨一个台阶的时候，这个台阶是 15 公分高，那我们大家都能跨上去。但如果这个台阶是 50 公分，可能很多人就跨不上去，这个时候教育的水平就体现出来了。我们怎么能把这些比较高的阶梯拆解成更易攀登的台阶，这就是提问的水平，也是教学策略的设计水平。我们怎么能根据不同学生的水平和特点，来搭建不同的阶梯？

现在的课堂教育，为保证教学进度，教师不得不面向大多数学生开展教学。这种模式难以为每个人设定不同的阶梯，它可能是三个台阶，也可能是五个台阶。对于水平高、学习快的人来说，五个台阶的设定会让他感到进度太慢，所以他就"吃不饱"；而对于水平低的人来说，即便是三个台阶也显得过高，他也跨不上去，所以就"跟不上"。然而，当人工智能介入教育领域并经过精心设计后，它可以根据不同的学习者设置不同的阶梯。对某些人来说，50 公分的高度只需要两个台阶就可以解决；而对另一些人，则可能需要设置三到四个台阶。通过这种阶梯设置，创造力的培养和创造性学习就不再是一句空话，而变成一个切实可行的过程。

WAIC UP!： 有人认为人工智能可以提高教育的效率和质量，但是它也可能会加剧教育的不公平。比如说一些发展比较好的地区，它有更好的条件去拥抱人工智能，但是欠发达的地区可能就没有那么好的设备或条件。您如何看待这样一个教育鸿沟的现象？您认为应该如何缩小这样的鸿沟呢？

袁振国： 这是个非常现实的问题。数字鸿沟这个概念的产生，就反映了在数字化的背景下，教育差距非但未能缩小，反而还可能拉大。但我们需要将这个问题置于更宏大的历史视野中来看待，如果仅局限在当下的问题来考虑，就会束缚我们的思想。

我们首先要放在历史的长河里看。在农业社会到工业社会的进程中，从蒸汽机的运用到电气化的普及，再到电子化的飞跃，它都是一个过程，不是一蹴而就的。工业化出现以后，催生了城市，造就了一批受教育程度更高、更为富裕的人，这个是事实。但是你会发现，

随着工业化不断向农村推进，整个农村地区的工业化水平、城镇化水平也变得越来越高。从整个人类的角度来讲，文明的整体水平在不断上升。

信息化、数字化、智能化的发展也是一样的。随着技术不断成熟，应用不断推广，先进技术向欠发达地区的延伸范围也越来越广，这个速度会越来越快。整个人类的发展水平越来越高，这是一个基本的判断。不能因为数字鸿沟导致暂时的差距扩大，我们就放慢发展的脚步。恰恰相反，我们更需要加快发展的步伐，通过"先进"来带动"后进"，通过技术的快速普及实现共同进步。正如现在有了电视以后，再偏僻的农村也可以接触到世界前沿资讯，网络的发展使全国范围内"停课不停学"成为可能，在最偏远的乡村也可以享受到最先进、最优质的教育资源。我们相信，人工智能的作用会更迅速、更有力地改变这个状态。这是第一个基本判断。

第二，就当下而言，如何有效缩小这种差距？我想这就需要国家层面的战略部署。从这一点上来讲，中国有独特的制度优势。我们能够集中力量向贫困地区、"后进"地区、资源匮乏地区和弱势群体实施政策倾斜。

这里面重要的一条，就是基础设施建设。从教育的角度来说，提高教师的数字素养尤为关键，通过各类有效培训渠道促进教师专业发展，应当是重中之重。在这个过程当中，教师是灵魂所在，是关键所在。如果教师的数字化意识和能力提升了，其对学生、整个学校，以及整个地区发展的带动效应将会事半功倍。

WAIC UP!： 华东师范大学作为全国率先设立智能教育这一交叉学科的高校，部分同学对于这个专业非常感兴趣，但是也表达出对这个学科未来职业发展前景的担心。那您怎么看待这种热情和不确定性并存背后的深层次矛盾？

袁振国： 人工智能现在很热，而且会越来越热。我们要非常清晰地认识到，人工智能在今天已经不仅仅是一种技术，也不仅仅是一种工具，它已经是人类文明的一种新形态。

举个例子来说，历史上，先是有了语言，随后有了文字。文字的出现对很多人来说是一件好事，让人类文化水平得到提高。但是也有很多人没有学到文字，那对他们来说就是差距更大了。这跟刚才说的数字鸿沟问题是相通的。

再往后看，电视机、计算机、网络相继问世。你会发现，最初计算机的运用是一门技术。记得我在 20 世纪 90 年代任教时，大学里还专门开设 Word 和 Excel 的培训课程，因为当时这些都是需要专门掌握的技术。但是现在还有大学开设 Word 培训课程吗？显然不需要了。因为现在的孩子从小就是数字原住民，从小就具备这些数字技能，所以不需要再学习这些课程。

人工智能也一样。当人工智能慢慢成为一种普遍的基本素养和技能的时候，那么它就变成了全民素养。所以，这正是我国教育部近期出台文件，要求到 2030 年前，全面实现从小学到大学的智能教育普及和智能素养养成的根本原因。从这个意义上来讲，有人对学习人工智能或智能教育产生疑虑是可以理解的。如果仅仅是学习智能教育技术，或者单纯学会使用智能教育产品，这个是没有未来的。因为产品在不断地更新，理论也在不断地发展。

我想强调的是，无论学习什么样的技术，无论在哪个层次上学习，都一定要有自己的专业根基。这是人工智能的一个重要特点：它是个交叉学科，它一定会和你的一个专业相联系。如果你是学法律的，就要思考怎么把人工智能运用到司法实践中；如果你有医学背景，就要探索 AI 技术在医疗上的应用。在这个时候，如果你能够很好地运用人工智能技术，那你就会比不运用人工智能技术的人要强得多。

同样，作为教师，无论教授物理、化学还是生物等学科，都必须要有自己的专业基础。在这个背景下，再结合人工智能技术，将人工智能的产品与技能运用在教育教学过程中，那你就有优势。如果你只会人工智能技术，没有专业根基，确实会面临发展瓶颈。所以，同学们的这种担心不无道理。我要强调的是，学习人工智能技术以及智能教育理论和技术，都要有自己的专业领域知识，这样才能产生"1+1>2"的协同效应。

WAIC UP!：华东师范大学是全国率先设立智能教育这一学科的高校，那么您所在的上海智能教育研究院在这个领域进行了哪些前沿探索？您有没有什么经验可以分享，以及可以给其他高校一些建议？

袁振国：谈不上什么经验，我们在摸索过程中有了一些体会。首先，我们较早地敏锐意识到人工智能发展的无限前景，并前瞻性地把智能教育作为华东师范大学的优势和特色，甚至提出了把"智能教育发展"提升为华东师范大学的第一战略。

之所以作出这样的战略决策，主要有三点考量。第一，人工智能发展会非常快，会迅速影响到社会的方方面面。第二，华东师范大学具有得天独厚的学科优势，教育学、心理学和技术学科都发展得很好。第三，作为一所社会主义师范大学，我们必须要在智能教育方面做出表率。

实事求是地讲，很多高水平的大学都有更加符合他们自己特点的智能专业，比如去做卫星、做军舰、做飞机的智能化，但他们不一定能做教育的智能化。所以把智能教育做好，这就是我们的使命，也是我们的担当，同时也是我们的优势。这是我当时考虑这个问题的一个很朴素的想法。

在这个实践的过程中，我们还注意到：发展智能教育一定是从教育出发而不是从技术出发。所以我们当时就提出了智能教育不是"AI+教育"，"AI+教育"是以人工智能技术为基础，生硬地将教育场景套用进去，不管有什么智能产品，都用在教育上。

虽然从技术上说，这个产品确实可以用于教育场景，但是一定要用吗？用的结果一定好吗？其实是不一定的。打个不是特别恰当的比方，就像外科手术一样，人工智能技术确实可以"开刀"，但是否有必要"开这个刀"——能不开刀就尽量不开。同理，人工智能技术应用在教育上，绝不是用了就一定好的。

所以我们的理念和口号是"教育+AI"。我们之所以提出"教育+AI"的理念，就是在强调不要以技术为本位，而是以教育为本位来了解和研究教育的需要，以促进学生的发展为目的和衡量成功的标准。要让人工智能在教育的改革发展当中起到不可替代的作用，这是我们的追求。在教育改革的发展进程中，如果某些工作不用人工智能也可以，那么就不要生搬硬套。我们真正要突破的，是那些教育发展亟需改革，但在现有的教学场景、教育体制和制度框架下做不到的深层次问题。

那么，这个核心问题是什么呢？就是如何促进学生的全面发展——怎么让学生学习更高效？怎么让学生学得更愉快？怎么让学生学得更自信？这个是我们所关注的。

所以我们现在在做的，无论是教育大模型的研发、"自主性学习系统"的构建，还是"快乐机器人"产品的设计、"作文自动阅卷系统"的开发，都是力图在教育改革发展的过程中，围绕怎么促进学生更好更快地发展来开发智能产品。而不是简单地把现有的产品拿来移植到教育场景，把教室"武装"起来。虽然这些新设备可以获取很多数据、采集很多样本，但关键是要回答一个问题：这些技术应用的终极目标是什么？一定要把这个事情想清楚。

我们并不是图这个技术有多好，而是希望它一定要发挥独特作用，最终目的是能够促进学生的发展，这就是我们华东师范大学智能教育发展的基本理念。这几年，在各方支持和配合下，我们已经在这一方向上取得了一些阶段性成果。

WAIC UP
MORE

"既不要技术崇拜，也不要技术毁灭。人工智能的主动权掌握在人类自己手上。"

WAIC UP！：您认为智能教育的终极愿景是什么？它该如何促进人的全面发展？

袁振国： 终极愿景现在没法说，人工智能才刚刚开始。虽然人工智能技术看似已经铺天盖地、漫山遍野、无处不在了。但是你仔细想想，它发展的时间其实很短。人类从猴子变成人，经过了上百万年；从新石器时代跨越到铁器时代，用了约2万年；从铁器时代到蒸汽机时代，走过了约2000年；而从蒸汽机时代到电子时代，则用了约200年。人工智能的发展还是很短暂的。

对于人工智能的发展，从大的方面来说，我们已经正在从感知智能向认知智能跨越，向会思考会学习的人工智能发展，向有感情的人工智能发展。有人经常会问：人工智能会不会像人一样思考？会不会像人一样有意识？会不会像人一样有情感？

这些问题的背后，其实隐含着人类对"拟人化AI"的

期待——希望它像人一样有感情、有意识。我对这个问题的回答是：人工智能会有"感情"，也会有"意识"，但它不是人的感情和意识。

这种感情和意识究竟意味着什么呢？它能够展现出丰富的情感表达，它会表现得开心，也会表现得不开心，也可能是在讨好你，也可能会批评你，甚至可能会跟你互怼。但是它没有真实的情感体验。我们人是有情感体验的，当我高兴的时候会分泌多巴胺，当我生气的时候会生成另外一种激素，甚至会伤害我的身体。

但是，人工智能的情感表达是什么原理呢？它实际上是通过学习来模拟和呈现这种情感。经过深度学习后，它知道在何种时候应该表现何种情感。见到美丽的女性，它会依照数据反馈说"你真美"；听到幽默的话语，它也可能会哈哈大笑。

所以我们说人工智能的发展，将来会从感知到认知，从认知到情感，不断进步。这个我是不担心的，它一定会这样持续进化，不断完善。

但我们必须明确一点：人工智能的情感和人类不是一

70

回事。这个问题必须要讲清楚。现在对人工智能的发展有两种对立的态度：一种是很担心人工智能的发展将来会超过人，甚至会控制人。还有一种就是很兴奋，期待奇点临近，认为人工智能将全面超越人类技能，人类会迎来一个崭新的世界。

我觉得我们既不要有技术崇拜也不要有技术毁灭这两种极端的看法。我还是这个观点，对人工智能的态度应该是积极地拥抱它，在技术发展过程中，实现人机共生、共创、共同发展。

关于人类能否控制自己生产的智能产品这一点，我是不担心的。我坚信，在人工智能不断成长的过程中，人类自身也在不断成长。最终，人类对人工智能的主动权，一定是在人类自己手上。

WAIC UP！：中国在数字化转型这方面做了很多的探索，那您认为有没有什么中国经验是值得世界去借鉴的？

袁振国：中国的人工智能发展确实非常令人鼓舞、令人振奋。中国的人工智能在世界处于领先地位，这也是一个不争的事实。但是我们也还有很多的不足，大家普遍认同的一点，就是我们在原创性方面还有差距，特别是技术理论的创新做得还不够。但是，中国人工智能的发展确实有着极大的优势，也可以说是属于我们的经验，但是有些经验外国人还真学不了。

首先，"人口多"是我们人工智能发展非常重要的一个动力和基础。人工智能产品从开发到应用，都需要依托庞大的用户群体。如果这个产品再好但没有人用，赚不到钱，就没有办法再发展。而中国的市场很庞大，一个好的产品出来以后，它可以迅速产生极大的利润，那就可以实现更快发展，这是中国一个非常独特的优势。

其次，从技术上来讲，在用户使用的过程中，系统产生了大量的数据。而这些数据对改进产品、促进人工智能的发展又产生了连锁的良性循环效应。

第三，我觉得可能更重要的就是，我们国家有顶层设计，能形成全方位的协同发展。以教育领域为例，据我所知，无论是在理论上、技术上、产品上，还是在应用上，纵观全球各国的教育场景，中国智能教育的发展是走在全世界前列的。

我发起并组织了一个全球顶尖大学教育学院院长论坛，去年已成功举办第五届，吸引了来自全世界六七十个国家的知名高校教育学院院长。我在大会上做了一个关于中国智能教育发展的主旨报告。报告讲完后，这些来自世界各地的院长们——无论是美洲、欧洲、亚洲还是其他地区的代表，他们不管是紧张也好、兴奋也好，但无一例外都很惊讶。他们就觉得，中国的智能教育发展确实是走在了前面，他们甚至送给我一个称号：Ai Dean。所以从这个意义上来讲，我相信我们中国的智能教育发展有特别好的前景。

同时我也想说，人工智能是现代科学技术的皇冠，而智能教育是皇冠上的明珠。如果智能教育发展好了，我们整个人工智能行业的发展都会在技术上、理论上取得很大的突破。为什么呢？因为人工智能在其他任何领域的运用都是依靠数据推动，都是技术和技术的联系。唯有智能教育不一样，它以人为中介，是通过人、依靠人来发展人，它的目的是促进人的发展。

人工智能在其他领域运用的成功与否，取决于一条：

能不能替代人，比如无人驾驶、无人超市、无人银行、无人医院等。但教育领域不行，教育永远无法完全用机器替代人。教育一定要以发展人为目的。要能够把这样的因素整合好，对人工智能的技术要求当然是特别高的。所以这也是人工智能在教育领域的发展，比起其他行业来说并不是那么乐观和显著的原因，因为它太复杂了。

从这个意义上来说，发展人工智能教育、开发人工智能教育的技术和产品，不仅对教育有利，而且对促进整个人工智能行业的发展都有重大意义。

更多大咖观点，请扫描封底二维码前往线上版，观看完整视频内容。

研究团队

核心主创

研究团队

核心主创

世界人工智能大会组委会办公室

科技部 2030 人工智能安全与发展课题

《WAIC UP!》期刊编辑部

策划设计

瞿晶晶　上海人工智能实验室 副研究员

　　　　WAIC 战略顾问

　　　　科技部 2030 人工智能安全与发展课题负责人

江　波　华东师范大学计算机科学与技术学院

　　　　上海智能教育研究院副院长

报告研制、资料整理：

邹　慧（上海大学）

宫海星（复旦大学）

Rachelle Qin（纽约大学）

曾冠霖（纽约大学）

平台支持

问卷星 · 决策鹰

WAIC UP》
MORE

沙睿杰 》》》

Infosys全球副总裁
中国区总裁

《沙睿杰：AI"趋利避害"实践录
——来自全球标杆案例的启示》

WAIC UP! 按：

AI 不仅重塑了各行各业的工作方式，还对社会结构、环境治理和职业生态带来了前所未有的挑战与机遇。从能源消耗到就业冲击，从伦理争议到环境可持续性，AI 的双刃剑效应愈发凸显。

沙睿杰（Rajnish Sharma），一位深耕中国数字化领域 10 余年的资深专家，以独到视角揭示了 AI 的双刃剑效应：它既能重塑行业、攻克疾病、优化能源，也可能吞噬传统岗位、消耗惊人资源，甚至引发伦理危机。从 GPT-4 训练耗电堪比一座城市的用电量，到 AlphaFold3 推动生命科学革命；从程序员、教师、医生面临职业冲击，到企业如何通过"负责任的 AI"平衡创新与 ESG（Environmental、Social & Governance，环境、社会及治理）目标——沙睿杰的这篇文章将带您深入 AI 时代的核心矛盾，探索趋利避害的生态协同之路。无论是企业管理者、技术从业者，还是关注未来的普通人，都能从中找到应对挑战的智慧与启示。

嘉宾简介

沙睿杰是 Infosys（印孚瑟斯）全球副总裁，中国区总裁，同时也是 Infosys 中国董事会成员，现常驻上海。

沙睿杰负责 Infosys 在中国的整体业务运营和市场营销，领导全球和本地客户服务交付，提升客户满意度。凭借人工智能、云计算和自动化主导的数字服务，他领导的团队致力于为客户制定和实施数字化战略，帮助客户完成数字化转型之旅。此外，他还负责管理和扩展 Infosys 在大中华区的能力。他重视团队合作，是工作场所多样性和包容性的坚定倡导者。他经常发表主题演讲，在主要出版物上发表文章，获得多项认可，并在媒体上亮相。

在 Infosys 服务的 23 年中，沙睿杰曾率领团队为多个行业的全球大型客户提供服务，业务遍及美国、欧洲和亚太地区。沙睿杰拥有印度国家理工学院（National Institute of Technology, Kurukshetra, India） 计算机工程学士学位。

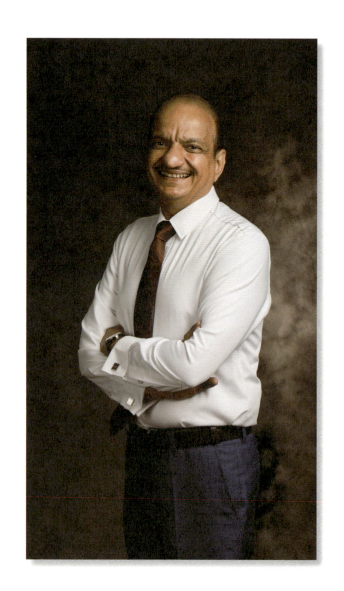

引言

作为一家全球数字服务和咨询公司的负责人，我在中国生活和工作超过 10 年——两次长时间的经历，让我目睹了中国发展的速度、转型以及科技在我们日常生活中的主流化。我深刻意识到科技进步对社会、生活水平和工作方式的深远影响。它改变了工作、工作场所和劳动力。而人工智能作为当前最具变革性的技术之一，正在以前所未有的速度重塑各行各业。从产品研发到数字化营销，从自动化生产线到智能医疗诊断，从数字教育平台到智能交通系统，AI 的应用场景几乎无处不在。尤其是 2023 年以来，生成式 AI 能力的快速提升、相关生态的活跃更加深刻影响着我们的工作方式、生活方式乃至思维方式。

然而，技术的进步不仅仅是工具的更新换代，更带来社会结构和职业生态的深刻重构，也会对大多数行业产生冲击。在这一过程中，一些传统职业岗位会消失，一些新兴职业岗位会出现，这带来了前所未有的挑战和机遇。

除了对行业的冲击以外，AI 对环境也会产生深刻的影响：根据 MIT Technology Review 的相关数据，训练 GPT-4 耗费了超过 50 吉瓦时的电能，相当于整个洛杉矶市 3 天的用电量。如今，大模型的参数量和训练、使用过程中的能耗仍在快速增长，同时，中外 AI 企业提供的大模型的数量也在快速增长。

但是，我们的策略是趋利避害：因为问题总会有正反两面。

我们也看到，当 AI 进入企业和家庭之后，也会为环境、社会及治理（ESG）带来巨大的正面收益：从企业的产品研发一直到交付服务，我们会看到，企业通过提高效率减少能耗、资源消耗和环境危害；普通消费者享受智能、廉价的服务，提高生活水平；很多新的工作机会和生活方式也将由此产生。

对待 AI 带来的 ESG 收益这个问题，我们也需要从更宏观长远的角度去看待：DeepMind 的 AlphaFold3 等 AI 技术将会推动生命科学的根本性进步，会带来药物研发、疾病治疗的巨大进步，戴米斯·哈萨比斯（Demis Hassabis）、大卫·贝克（David Baker）和约翰·江珀（John M. Jumper），凭此获得了 2024 年的诺贝尔化学奖。诺贝尔奖委员会评价称，来自美国华盛顿大学的贝克成功完成了构建全新蛋白质这一几乎不可能完成的任务；而来自谷歌的英国科学家哈萨比斯和江珀则开发了一种名为 AlphaFold2 的人工智能模型，这种模型能够预测大约两亿种已知蛋白质的复杂结构，哈萨比斯本人作出了大胆的预言，认为未来 10 年内人类将攻克大部分疾病。

最后，回到我所熟悉的行业、企业的范围，我也可以提供一些有益的经验和思考：企业在利用 AI 更好地实现业务目标的同时，为什么要同时考虑 ESG 在方方面面的影响？如何分析这些影响？如何管理这些影响？

我想从四个方面来解读这些问题：一、AI 对环境的影响；二、AI 对各行各业的冲击；三、如何以生态协同的方式驾驭 AI 的未来；四、企业如何建立"负责任的 AI"。

以下是我的一些经验和观点。

一、喜忧参半：AI 将带来巨大的环境影响

首先是 AI 应用的能源消耗之大，会大大超出人们的意料。

在当前的大模型时代，AI 的功耗主要来自训练和推理（应用）两个阶段。

训练和部署像 OpenAI 的 GPT-3 这样的模型所需的电力很难确定。根据 MIT News 的报道，在 2021 年的一篇研究论文中，来自谷歌和加州大学伯克利分校的科学家估计，仅训练过程就消耗了 1287 兆瓦时的电力（足以为约 120 个美国普通家庭供电一年），产生了约 552 吨的二氧化碳。

每次使用模型时，比如某人让 ChatGPT 总结一封电子邮件，执行这些操作的计算硬件都会消耗能量。研究人员估计，一次 ChatGPT 查询所消耗的电量大约是一次简单网络搜索的五倍。

越来越多的大模型、连同成千上万的 GPU 和其他计算

资源被部署到遍布世界的数据中心中，以便为企业和终端客户提供服务。考虑到 AI 参数量的快速增长、应用场景的日益增多、用户访问的不断扩大，AI 在全球消耗的电力将是惊人的。

许多企业在边缘计算系统中部署开源大模型提供服务，他们需要利用显卡中的 GPU 来进行计算。一块常见的 RTX4080 显卡在进行 AI 计算时的功耗约为 350 瓦，这已经相当于家用吸尘器的功率，而他们常常需要多达数十块这样的显卡。由于边缘计算的庞大数量，这方面的功耗也是十分惊人的。

事实上，在过去，随着云计算、大数据、物联网（IoT）、区块链等技术的发展，数据中心的功耗问题一直占据着环境议题的重要方面。

云计算和大数据技术大致在 2010 年代后期进入普及阶段。

云计算和大数据技术推动企业从本地服务器转向超大规模数据中心，单数据中心机柜密度从 5kW 跃升至 20kW 以上。

当然，这种计算能力的迁移本质上仅仅是碳排放的迁移，而云计算、大数据带来的企业数字化能力的快速提升和普及则是"问题"的根源：尽管虚拟化技术将服务器利用率提升至 40%~50%（传统 IT 仅 10%~15%），但数据中心总数的激增导致整体能耗上升。据国际能源署（IEA）统计，2022 年全球数据中心用电量达 2400 亿千瓦时，占全球电力需求的 1.3%。

物联网及边缘计算需求自 2010 年代末期激增。2025 年全球物联网设备达 750 亿台，边缘数据中心需要 7×24 小时处理传感器数据。一种推测是：智能城市每平方公里部署的传感器达 20 万个，尽管大多数传感器并非"能耗大户"，但考虑到这些传感器将产生巨量的数据供边缘计算、云计算进行处理，其能耗显然也是很可观的。

至于区块链，最初，由于其广泛采用的"共识机制"基于"挖矿"算法，比特币 PoW（Proof of Works）机制年耗电量超过荷兰全国用电量（2023 年）。后来，虽然以太坊转向 PoS（Proof of Stake）后能耗下降了 99.95%，但多数公链仍依赖高耗能算法。

除了 GPU、CPU 的功耗外，为了给芯片降温，数据中心需要设立复杂的冷却系统，其能耗也与计算的规模成正比。因此，PUE（Power Usage Effectiveness，能源使用效率）是衡量数据中心能源效率的一个重要指标。它通过比较数据中心的总能耗与用于计算设备（如服务器、存储设备等）的实际能耗，来评估数据中心的能源利用效率。PUE 的计算公式如下：

$$PUE = \frac{数据中心总能耗}{IT\ 设备能耗}$$

PUE 的值越低越好。作为建设"绿色城市"的举措，新加坡曾经在 2022 年因数据中心 PUE 高于 1.3 而暂停新项目审批（搜狐网，2022-12-21）。

在世界范围内，应对数据中心能耗问题的主要方式包括鼓励可再生能源（例如，中国政府相关部门鼓励在水电资源丰富的贵州建立数据中心）、采用海水降温、降低芯片功耗、发展量子计算等。

此外，由于 GPU、CPU 等设备需要散热，数据中心会消耗大量的冷却水来使之降温。根据摩根大通的研究，预计到 2030 年，全球数据中心每天会消耗 17 亿升的淡水（腾讯内容开放平台，2024-05-25），这相当于

5400 万个中国城市家庭日均用水量。

为了满足 AI 的需求，未来必将大规模扩建数据中心，其规模很快会数倍于目前。这期间，AI 直接、间接消耗的资源不可胜数，比如源自建筑、机柜、电力设施、电缆、光缆、消防设施、消防气体等的资源消耗。

还有其他吗？当然！AI 会带来前所未有的法律、道德、伦理、安全方面的挑战，比如知识产权的保护、技术滥用引发的违法与伦理失范、信息安全的威胁等。

二、树欲静而风不止：AI 正在冲击各行各业

我所在的公司正处在这样的一个风口上：一方面，我们的客户正急切地主动寻找生成式 AI 落地的场景；另一方面，软件巨头们纷纷把生成式 AI 集成到他们的产品中：CRM、ERP、数据分析平台，把 AI 带入到现有的大量业务场景中。由于我们恰好是数字化咨询公司，因此这两类参与者都把我们作为中间的推动者。

2.1 潮流一：行业企业自发寻求 AI 场景

我们的客户涵盖了各行各业的巨头：零售、快消品、制造业、电力能源、化工、医疗健康、金融等。

我们常常听到"AI 转型"这种说法，就是把 AI 提升到与"数字化转型"同等重要，甚至更加重要的地位（尽管我们认为，AI 本质上是新兴的数字化技术，传统的"数字化转型"仍然可以包含 AI）。

这些企业急切地寻找生成式 AI 的落地场景，究其本质，依然是希望 AI 能更好地帮助其实现业务目标，进而在市场上立于不败之地，使得企业能够长期生存和持续地发展。

例如，利用 AI 可以更好地洞察客户的偏好、行为特征、诉求、负面评价，并分析和统计其业务影响和原因，以便更好地改善产品和服务体验。

有这样的一个场景：一家经营网约车的公司积累了大量和客户沟通的语音数据，其内容通常包括咨询、投诉、寻找失物等。在 STT 技术（语音文字转换，通常是基于深度学习的模型，或者是更新一些的 Transformer 模型）成熟之前，这些语音数据的利用率很低。自从 STT 基础成熟，进而出现了生成式 AI 技术后，这家公司开始尝试从中挖掘有用的信息，例如，司机的谈话，和乘客的聊天，播放的音乐，车内的气味、温度、通风等。

在形成了文字数据后，可以利用大语言模型进行各种数据统计：不同地区、不同的车型、不同的司机和客户满意度之间的关系。利用这些数据改善运营，可以极大地提升公司的服务质量。

通过进一步的数据挖掘，可以把这些信息和其他的信息关联起来，例如，结合网约车的停放位置、行驶路线等做更加深入的分析和建议。

AI 技术进步是很快的。现在，如果采用新的大模型，已可以不必经过 STT 的环节，直接通过对语音数据的挖掘，得出有用的信息，通过智能体方案，直接为司机和公司的后台运营提供指导。

另一个场景是：针对一些复杂的产品为客户提供自动

化的专业咨询。

比如，一家提供食品加工原料和辅料的公司，他们的客户在通过电话、微信等购买商品时，常常需要比较专业的建议。在往常，能够提供专业建议的专家是比较稀缺的，因为这不仅仅涉及食品加工和化工生产中的专业知识，也涉及本公司的产品知识，甚至在多年运营时积累的正面反面的经验。而当前流行的 RAG（Retrieval Augmented Generation，检索增强生成）技术，恰好可以帮助企业实现这样的专家系统：精通行业知识、精通企业产品（甚至竞争对手的产品）、有丰富的销售经验。这样一来，内部的专家的缺乏就不会成为业务的瓶颈。

其实，无论是面对终端客户的场景，还是企业内部运营的场景，生成式 AI 的应用是数不胜数的。

2.2 潮流二：软件巨头在生态中推波助澜

另一股潮流似乎更加势不可挡：众所周知，在一波一波的数字化转型浪潮中，各类企业应用软件已经遍布各行各业，支撑起纷繁复杂的业务，这些软件包括

ERP、CRM、产品研发管理、生产计划及执行、仓储及物料管理、供应链管理、质量管理、业务审批流、商业智能等。而那些提供企业应用软件的巨头们，把生成式 AI 嵌入到应用系统中的趋势，正在不可逆转地使企业的运营发生变革。例如，SAP 发布了 AI 智能系统 Joule，可以支持用户用自然语言和其 ERP 系统进行交互，而不必依赖于数据工程师的开发工作；微软的 Copilot 和其 Dynamics 365 集成后，也会有类似的效果；Informatica 推出了 CLAIRE GPT，涵盖了数据工程和数据治理的方方面面。

所以随着工作效率的提升，传统的运营也会面临工作岗位的冗余。我相信，今后这个趋势会更加明显。

2.3 立竿见影的工作取代问题

然而，对软件行业以及其他所有行业内部的数字化部门而言，自动化的代码生成带来的影响显然是最直接、也是最大的。

企业纷纷采用 AI 辅助编程工具，它们对软件开发测试效率的提升是惊人的：由于采用了腾讯 Code

Buddy、Ali 通义灵码、Cursor AI、GitHub Copilot 等工具，企业与第三方在代码和测试方面节省了大量的时间，虽然具体节省的时间众说不一，但大多在 30%~50% 之间。由于效率的提升，一些企业纷纷开始减少外包编程人员的数量，我估计这种趋势会持续下去，从而在总体上对程序员的岗位产生冲击——至少是对现有的编程范式而言。考虑到 AI 的应用也会向上下游延伸，未来也会对架构师、测试人员的岗位带来冲击。甚至还有人预言：由于 AI 的加持，"全民程序员"的时代会提前到来，换句话说，就是不懂编程的业务人员也可以直接给 AI 下达需求指令，令其生成和部署所需要的系统，而不需要或者只需要极少量的编程人员进行帮助和支持。显然，这种情况发生的可能性是很大的。

黄仁勋在一次采访中声称（Yahoo Tech，2024-2-28）："……在过去的 10 年到 15 年里，几乎每一个像这样坐在台上的人都会说，让您的孩子学习计算机科学是至关重要的：每个人都应该学习编程。但实际上，情况几乎完全相反，我们的工作就是创造这样的计算技术：没有人需要编程……"

仅仅在中国，就有数以百万计的工作和程序员有关。根据《今日头条》的报道，CnOpenData 公开了中国排名前 20 的职业，其中，程序员以 600 万的数量排名第 9。

其实，面临冲击的不仅仅是广大的程序员，AI 也可能对其他行业产生类似的影响，例如，教师、医师、金融从业者、咨询师等。值得注意的是，随着自动驾驶技术的成熟，外卖快递人员的工作也面临威胁，而在中国，从事相关行业的人员达到了 9600 万！

而且更糟的是，我们几乎无法预测未来 5 年到 10 年间，这种情况会出现在哪些行业、哪些岗位。

其实，在历史上屡次出现过这样的情况：数码照相技术取代了与化学胶片相关的绝大多数工作；数码音乐商店取代了传统的实体唱片、磁带分销店；在中国的工厂里，机器人正在快速取代人的工作；在银行中，智能化的自动柜员机取代了多数银行职员的工作；在未来，自动驾驶技术会取代出租车司机的工作。

三、趋利避害：
以生态协同的方式驾驭 AI 的未来

AI 是一把双刃剑。在技术驱动的背景下，社会转型是无法抗拒的。我们应当积极去面对这样的情况，在复杂的生态中，人们会发现新技术带来的新机会。

3.1 应对工作取代问题的一些建议

很难预测与 AI 相关的社会变迁的具体路径，但 ESG 的理念会促使企业和社会更加有效地解决这些问题。

立法引导：为社会适应提供时间。

相关部门可以通过立法手段控制其对就业市场的影响速度。例如，设立"技术过渡期"，在此期间，企业需逐步替代人工岗位，避免大规模失业的突发性冲击。此外，政府可通过制定相关政策，鼓励企业在技术升级过程中，优先考虑员工再就业和技能提升问题。

再分配机制：将技术红利转化为社会福祉。

技术发展的红利应当通过再分配机制惠及社会成员。政府可将部分税收收入用于失业补助、再就业培训、社会保障等领域，帮助因技术进步而失业的群体顺利过渡。此外，企业在实现盈利的同时，应承担起社会责任，参与社会福利事业，推动社会公平。其宗旨是，强调在推动数字化发展的同时，确保所有人都能平等地享受数字技术带来的好处。

促进劳动力流动：加速人力资源的再配置。

技术进步将带来新的岗位和行业，但同时也可能导致传统行业的萎缩。为了应对这一挑战，鼓励劳动力的流动性至关重要。政府和企业应当提供跨地区、跨行业的培训和支持，帮助劳动者适应新的工作环境。此外，国际间的劳动力流动也应得到促进，通过建立国际合作机制，共享人才资源，推动全球范围内的合作。

我认为，ESG 的愿景与人类追求文明进步的目标是一致的。充分就业是社会和谐与家庭幸福的重要基础。

在 AI 技术快速发展的背景下，我们没有其他选择，只有通过有效的社会治理，减缓乃至规避新技术可能带来的负面冲击，同时促进新技术带来的益处广泛惠及社会。

3.2 AI 与环境关切

如前所述，AI 技术的迅猛发展，带来了巨大的环境影响。然而，AI 也可以成为推动环境可持续发展的重要工具。例如，AI 可以用于优化能源使用、监测环境污染、预测气候变化等，从而实现环境保护与技术发展的双赢。

事实上，当 ESG 的立法和标准的统计方法得以推行后，广大的企业通过自身的治理提升 ESG 的合规性，将会大大改善包括环境在内的问题。

例如，针对能耗问题，企业如果把"碳排放""碳中和"逐级分解到运营的方方面面，就会促使其从整体上优化能源的使用，如减少甚至关闭低附加值的计算任务，从而把有限的能耗指标用到最有价值的领域。

再例如，企业在研发环节可以设定可回收材料的使用率，以及在其工艺设计环节，设定废料的产生率、耗材的使用率等。

这些指标是否达成，在传统的数据科学中，就会涉及机器学习的方法，而在今天，生成式 AI 则大大增强了对这些指标的监测和分析能力。

对此，我举一个实际的例子：一家端到端的 B2B 垂直电商，他们拥有自己的物流系统，可以把产品直接运抵客户的仓库。由于业务量巨大，他们拥有大量的车辆、司机、操作员，其路线规划就成为了一个巨大的挑战。传统上，他们是利用人的经验来排出车队的运送路线，但由于需要考虑的因素很多：订单的时效、货物装卸的顺序、天气、路况、司机的排班等。因此，这项任务极具挑战性，根本无暇顾及通过线路优化降低油耗的可能性。然而，在长期的运营中，油耗的积累是十分惊人的。

因此，这家公司尝试了各种方法进行路径的优化，最终采用了一种 AI 算法，大大缓解了线路优化的问题。

四、攻守兼备：
为企业构建"负责任的 AI"护城河

4.1 负责任的 AI（RAI：Responsible AI）在企业运营环境中的具象化

大多数的企业都愈来愈意识到，ESG 在方方面面的合规程度关乎企业的业务持续性、未来的发展方向乃至业务战略的成功。而其中最直接的影响在于：信息安全、知识产权、合法合规等方面。

接下来，首先让我们具体看一看，RAI 的目标是什么？它能帮助我们避免哪些问题呢？避免这些问题为什么很重要呢？

对于企业来说，这些是很常见的问题场景——

4.1.1 安全威胁。 例如，近来出现了这样的报道：有人利用 AI 发现了 Linux 隐藏很深的安全漏洞。假如黑客利用 AI 的这种能力去攻击企业或者其他组织、个人的信息系统，其后果可能会很严重。

此外，还出现了一种新的黑客攻击手段：攻击者使用"提示词注入"来操纵输入提示，诱使 AI 泄露重要的信息，或是篡改数据，以谋取利益。

4.1.2 信息篡改。 例如，现在已经出现了能够修改视频、"操纵"真实人物的行为并且逼真地模仿其声音的技术。这说明，我们在社会生活的方方面面，对"真人"视频和音频真实性的信任被彻底动摇了。

可见，AI 能够激发人们的创造性，而这种创造性不总是正面的。AI 也可能无意中暴露其背后连接的私人或敏感数据。

所以说，AI 带来的一些新的风险是超越传统信息安全的，它的不确定性以及实际的威胁也比信息安全更广泛、影响更大、更具有挑战性。

RAI 和 ESG 日益相互关联，因为它们都专注于促进道德、可持续和透明的实践。为了共同管理负责任的 AI、ESG 战略和实践，企业可以采取一种综合方法，将其 AI 开发和实施过程与更广泛的 ESG 目标对齐：

社会（S）：负责任的 AI 通过确保 AI 系统为所有人的利益服务，促进包容性、多样性和社会公平，从而改善社会成果。这与 ESG 中的"社会"方面一致，后者侧重有利于社会的企业行动，如促进人权、确保数据隐私和增加技术获取。

治理（G）：负责任的 AI 强调透明算法和 AI 治理的重要性。鼓励公司开发具有明确责任结构的 AI 系统，确保 AI 系统作出的决策可以解释和证明。这符合 ESG 中的"治理"部分，后者强调强有力的公司治理和道德领导的重要性。同时，确保 AI 技术符合法律和监管要求，对于 RAI 至关重要，它与公司的治理相关。这有助于避免法律风险并加强公司对企业责任的承诺。

环境（E）：RAI 还关注 AI 系统的环境影响。如前所述，AI 模型特别是大规模的模型在能源使用方面具有显著的环境足迹。减轻 AI 环境影响的努力，如节能算法和使用可再生能源进行 AI 训练，与 ESG 中的"环境"方面完全一致。此外，RAI 可以以创新的方式应用于帮助解决环境挑战，如优化能源使用、监测生态系统或帮助应对气候变化。

4.2 企业实施 RAI 的具体方法

因此，RAI 直接支持 ESG，并可以作为企业满足 ESG 标准同时推动企业实现社会层面的 ESG 目标的重要保障。

我发现，绝大多数的企业对此是有共识的，他们在构建 AI 应用时都很重视 RAI 的问题。对于减缓和避免 AI 的负面影响这个话题，我推荐一套相对成熟的方法：印孚瑟斯的 AI3S 方法方法，可以帮助企业管理 RAI 的风险。

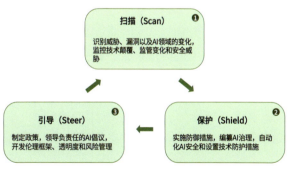

图 1　AI3S 方法

如图所示，SCAN、监控和识别，即跟踪技术转变、新兴 AI 架构和潜在威胁。包括：

·监控和更新全球新兴 AI 法律（例如，欧盟 AI 法案、NIST AI RMF）。

·及早发现 AI 中毒和对抗性攻击。

·遵循 ISO 42001 等道德 AI 的行业标准。

SHIELD ，防范 RAI 漏洞：

·访问控制：保护 AI 模型免受未经授权的篡改。

·防篡改：采用现代密码学技术（非对称秘钥、哈希算法）防止篡改内容，以及利用数字签名确保内容的原创性、可追溯性。

·对抗性弹性：防御 AI 系统免受逃避和中毒等攻击。

·通过自动化审计和合规性检查确保监管遵守。

·将 AI 安全无缝集成到 AI 治理工作流程中。

STEER，引导 RAI：

·政策倡导：通过监管参与帮助塑造全球 AI 安全框架。

·生态系统合作伙伴关系：与监管机构、学术界和企业合作，建立负责任的 AI 实践。

4.3 企业如何从整体上面向 ESG 目标优化运营

接下来的问题便是企业如何把上述实践融入业务的运营中。

我给客户和业界的建议是：

对于成熟企业，要把 ESG 的要求融入企业转型的目标中。如何做到这一点呢？我在此推荐一个方法，即利用企业架构的治理方法。

大家知道，在过去的若干年中，企业在实现数字化转型的过程中，普遍采用了企业架构转型方法。运用这个方法时，企业的业务战略部门通常是先提出一系列的业务目标，例如，利用大数据对客户进行分析，从而实现数字化营销,提升触达率、客户转化率和复购率。接下来，企业架构师们会根据这些目标分析出如何改造企业的运营流程、业务系统、业务数据、底层的基础设施等，制定出一整套实施规划，能够使企业的上上下下都有条不紊地去实现这些业务的目标。

运用企业架构方法时，无论是管理者、业务用户、架构师还是 IT 部门，都会制定和遵循一整套"架构原则"来规范具体的活动，并提出具体的需求，例如，尊重个人隐私、保护个人数据、敏捷性优先等。所以，企业只要把 ESG 的目标转化成架构原则，并形成一套度量体系（Metrics），就可以"无缝地"提升 ESG 的合规性。例如，环境友好原则要求新产品研发和生产中采用的可回收材料的价值超过 30%，低能耗原则要求改进工艺，降低产品生产环节的能耗，等等。

在图 2 中，我们就是利用了企业架构治理的机制来把 ESG 的实践融入进去：1 和 2 分别关注企业内外部与 ESG 相关的目标有哪些；在架构治理 3 的活动中，分别产生了 4 和 5，即面向业务运营和 IT 运营的一整套度量方法（KPI）；6 略微复杂一些，它包含了两部分：感知（Posture Awareness）部分负责监控 KPI，修复（Breach Remediation）部分负责采取更正措施；7 则是我上面提到的 AI3S 框架（特别说明：建议把"扫描"放置到"态势感知"活动中，而把"保护"和"引导"

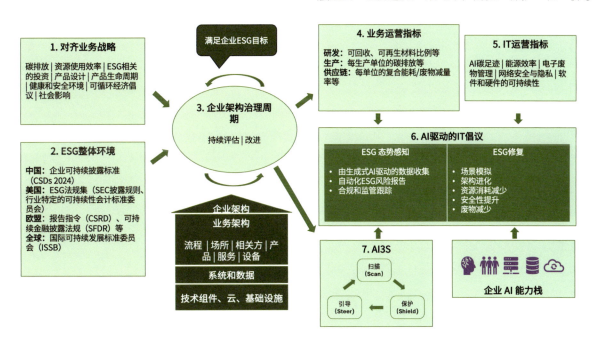

图 2　运用企业架构方法实现 ESG 目标

分别放置到"ESG 修复"的活动中）；EA 指的是企业架构（Enterprise Architecture），分别包含业务架构、数据架构、应用架构和技术架构，以对应企业的运营和 IT 的所有层级。

由于我们的客户绝大多数都是成熟企业，因此对于初创企业，我没有太多相关的建议。不过，对所有的企业而言，ESG 的理念不仅关乎客户体验，也关乎企业未来的战略方向。高能耗、高噪音、不负责任的业务模式注定不会长久，应该把创意、创新和 ESG 的目标对齐。

 结语

在 AI 时代，技术进步与社会责任密不可分。企业在追求技术创新的同时，必须承担起相应的社会责任，推动 AI 与 ESG 的深度融合。通过建立健全 AI 治理体系，制定明确的伦理规范和行为准则，企业可以实现技术进步与社会责任的双赢。作为外资 IT 服务企业，我们将继续致力于推动 AI 与 ESG 的协同发展，为实现可持续发展贡献力量。

声明：本文内容系作者独立创作，不代表现任职机构或组织的官方立场。

周恒星))))

《奥尔特曼传》作者

国际媒体Pandaily创始人

《AI治理的变局与前路：来自硅谷
一线的观察》

WAIC UP! 按：

AI 技术的突飞猛进正在改写行业格局，也悄然改写着权力的逻辑——当技术足够强大，谁来定义它的边界？

随着生成式 AI 从实验室走入日常生活，人们逐渐意识到：AI 的未来不仅由模型性能决定，更由其背后的治理结构塑造。治理不是技术的附属，而是技术秩序本身。

科技记者周恒星，透过 OpenAI CEO 山姆·奥尔特曼的"被罢免—复职"事件，挖掘出背后的结构性张力：非营利董事会与高盈利子公司之间的控制悖论、理想主义与资本诉求之间的拉锯、监管滞后与技术失控之间的风险博弈……在他的书写中，AI 治理并非抽象口号，而是硅谷巨头们正在实打实地经历着的结构重构和价值冲突。

本文通过周恒星的观察与记录，重新审视 AI 治理这一看似"技术之外"的命题：它正在成为塑造下一阶段 AI 发展轨迹的关键变量，也牵动着更广泛的社会秩序、伦理边界与人类未来。

嘉宾简介

周恒星，《奥尔特曼传》作者、国际媒体 Pandaily 创始人。

· 国际媒体 Pandaily 创始人。Pandaily 成立于 2017 年，致力于面向海外报道中国科技和商业，其海外社交媒体有数百万关注者。

· 12 年资深科技记者。《中国企业家》前科技记者和"极客公园"前主笔，采访过众多全球科技领袖并保持长期交流。

· 曾常驻硅谷多年，长期追踪报道硅谷前沿公司和技术；第一个采访马斯克的中国记者，《硅谷钢铁侠》中文版译者。

· 厦门大学经济学学士，美国佛罗里达大学信息系统理学硕士。

引言

作为一名科技记者，我有幸长期观察硅谷高科技行业的变迁。2023 年 11 月，我在旧金山 OpenAI 总部采访了 CEO 山姆·奥尔特曼（Sam Altman）。令人意想不到的是，仅仅三天后，他就因一场戏剧性的治理风波被董事会解职，而在五天之后又奇迹般复职。这场过山车般的"宫斗"闹剧被媒体称为一次公开而尴尬的"治理熔断"。这场风波的影响至今未平，推动人们重新审视 AI 企业的权力架构与制衡机制，其重要性已不亚于技术本身。

究其原因，AI 治理之所以成为焦点，源于两大趋势：一方面，生成式 AI 技术以前所未有的速度融入公众生活，带来巨大机遇与风险；另一方面，以 OpenAI 为代表的领军企业在治理方面争议频出，将这一原本学术性的议题推向公众视野。虽然硅谷素来奉行"快速行动、打破常规"的创新理念，但 AI 影响之深远，让社会各界深刻认识到：没有良好的治理，技术的馈赠可能会变成不可控的危险。正是在硅谷的亲身观察，让我认识到 AI 治理已成为迫在眉睫的全球性议题，而

OpenAI 的治理风波恰恰提供了理解这一议题的关键视角。

OpenAI 的治理结构与转型

从非营利到"有限盈利"再到公益公司

OpenAI 成立于 2015 年，初衷是作为一家非营利研究机构，致力于研发造福全人类的通用人工智能（AGI）。当时共同创办人奥尔特曼和马斯克等承诺开放共享研究成果，让公众"民主参与"AI 发展，这一理念也体现在 OpenAI 的名字中。然而，随着深度学习竞争加剧，OpenAI 管理层逐渐意识到实现其雄心需要巨额资金和顶尖人才。2018 年，马斯克因意见分歧退出 OpenAI 并撤回资金，同年奥尔特曼接任 CEO。为了"填补资金黑洞"，2019 年 OpenAI 大胆改革：在非营利母体下成立"有限盈利"子公司 OpenAI LP，允许对外融资和发放股权激励，但设置投资回报上限（即"封顶利润"）以确保不偏离使命。非营利的 OpenAI 董事会通过控股实体掌控这家子公司，继续履行使命导向的监督职责。这一开创性的混合架构既引入资本，又维护了公益初衷。

随着 ChatGPT 取得空前成功，OpenAI 的发展再次突破了原有架构的限制。2023 年以来，公司开始谋求新的重组方案，计划将 OpenAI 转型为公共利益公司（Public Benefit Corporation，PBC），在坚持使命的同时进一步开放融资渠道、筹划未来上市。根据这一方案，OpenAI 的非营利董事会将继续保留名义控制权，但投资者的回报上限和公司治理结构都将调整。短短数年间，OpenAI 的身份经历了数次转变：从纯粹非营利，到有限盈利的混合体，再到寻求公益公司定位，反映出这家 AI 巨头在理想与现实之间的权衡与蜕变。

治理危机与董事会动荡

复杂的架构并未消除内在矛盾，反而在 2023 年酿成了一场举世瞩目的治理危机。当年 11 月，OpenAI 董事会在没有预警的情况下，突然宣布解除奥尔特曼的 CEO 职务。据报道，董事会指称奥尔特曼在关键问题上对他们"不够坦诚"，对公司快速推出新模型的方向心存担忧。这一震惊业界的决定引发了连锁反应：OpenAI 员工和投资人强烈反对，超过 700 名员工（几乎占公司全员 90% 以上）联名要求董事会集体辞职，

否则将追随被撤职的奥尔特曼跳槽至合作伙伴微软。微软 CEO 萨提亚·纳德拉也罕见地亲自介入，公开表示若局面无法挽回，欢迎奥尔特曼率团队加盟微软。在各方压力下，风波发生仅五天后，OpenAI 宣布奥尔特曼回归任 CEO，原董事会成员则相继辞职走人，董事会迅速重组。

这场"逼宫"闹剧虽然短暂，却将 OpenAI 治理结构中的深层问题暴露无遗——由无股权的非营利董事会控制一家高盈利潜力的公司，其内部安全至上与扩张至上的文化冲突终酿危机。支持者认为，正是旧董事会坚持安全原则，才敢于挑战 CEO 的激进路线，这是在逐利导向的硅谷难能可贵的"良心举动"。但批评者指出，董事会成员缺乏商业经验，罔顾员工和股东利益贸然行事，几乎将 OpenAI 拖入解体深渊。事实证明，在巨大的外部压力下，理想主义的董事会最终无法与市场现实抗衡：奥尔特曼东山再起并巩固了权力，新董事会引入了更多具产业背景的奥尔特曼盟友。OpenAI 的这一教训令业界反思：AI 公司的治理需要在创新与稳健、理想与现实之间找到更好的平衡机制，否则类似的动荡还会重演。

与微软的合作与博弈

OpenAI 的成长离不开战略合作伙伴微软的巨额支持，但这种密切合作也埋下了资本与治理博弈的隐患。微软早在 2019 年即投资 10 亿美元，获得 OpenAI 部分技术的独家授权使用权；到 2023 年初追加投资，累计投入超过 130 亿美元，并将 OpenAI 技术深度整合进 Azure 云服务、Windows 和 Office 产品线。微软不仅是 OpenAI 最重要的金主和盟友，还在很大程度上主导了其商业化路线。然而，随着 OpenAI 积极拓展自身业务，这对盟友之间出现了暗暗的博弈。据报道，OpenAI 计划的公司重组和潜在 IPO 需要微软首肯，但谈判进展不顺——微软作为大股东提出强硬条件，要求在未来新公司中占据相当股权，并获得 2030 年后 OpenAI 新技术的优先使用权。这反映出微软既要确保巨额投资的回报，又不愿放弃对 OpenAI 核心技术的控制权。

更微妙的是，OpenAI 与微软的关系正从纯粹合作转向竞合关系。OpenAI 面向企业的定制模型服务和雄心勃勃的星际之门（Stargate）基础设施计划，都可能与微软的云计算和 AI 战略形成竞争。据内部人士透露，

微软高层对 OpenAI 可能演变为竞争对手一事颇为警惕。在奥尔特曼短暂离职风波中，微软一度准备将其招至麾下，这被视为微软捍卫自身利益的举措——毕竟 OpenAI 若陷入混乱，微软的投资和产品生态都将受到波及。可以说，OpenAI 与微软的关系已变得错综复杂：既相互成就又相互牵制。这种资本与治理之间的张力表明，在 AI 这样高投入、强影响力的领域，外部投资者对公司治理方向具有重大影响。如何平衡合作伙伴的商业诉求与公司独立使命，已成为 OpenAI 未来治理的关键挑战。

奥尔特曼的治理理念与争议

"民主化 AI"与全球扩张

作为 OpenAI 的掌舵人，奥尔特曼一直倡导"让 AI 普惠全人类"的愿景，并将其付诸全球扩张行动。2023 年，他启动了一项引人瞩目的"OpenAI for Countries"计划，主动邀请各国政府合作，共同建设本土 AI 能力。奥尔特曼频繁造访各国政要，以"AI 外交家"姿态周旋，希望通过 OpenAI 平台让更多国家共享 AI 红利，同时巩固美国在这一领域的主导地位。

这一"AI 民主化"策略获得了部分发展中国家的欢迎，他们期待借此缩小 AI 鸿沟，避免在新技术浪潮中落伍。然而，质疑声也随之而来。从硅谷视角看，这更像是在构建一个以美国技术为核心的全球 AI 生态。一位评论者尖锐地指出，当美国自身的民主正面临考验时，OpenAI 高举星条旗宣扬"民主 AI"不免有些讽刺。欧洲政策制定者也开始反思：过度依赖美国 AI 技术是否存在风险，是否应加快培育本土开源替代方案以维护技术主权。显然，奥尔特曼推动的全球扩张既助力 OpenAI 掌握国际话语权，也引发了关于数字主权与价值观的讨论。AI 民主化愿景能否实现，取决于 OpenAI 是否能真正尊重各国利益、公平透明地分享技术，而不是被视为另一种形式的科技霸权。

与马斯克的分歧与法律纠纷

奥尔特曼与特斯拉创始人埃隆·马斯克（Elon Musk）之间的矛盾，是硅谷 AI 社区中不同治理理念碰撞的缩影。马斯克作为 OpenAI 的早期联合创始人，最初支持非营利模式，但 2018 年因战略分歧退出。此后，他多次公开批评 OpenAI 背离初衷，例如在 ChatGPT 走红后，马斯克指责 OpenAI 变得"不再开放、追逐利润"，甚至暗示其名字成了一种反讽。双方矛盾在 2023—2024 年进一步激化。马斯克等人倡导对先进 AI 按下暂停键（他联名的公开信呼吁全球暂缓训练比 GPT-4 更强大的模型），而奥尔特曼则反对一刀切的暂停，主张继续迭代同时加强安全措施。双方分歧之大，使得马斯克在 2024 年 2 月采取了史无前例的行动——起诉 OpenAI 及奥尔特曼违背公司创立宗旨。马斯克在诉状中称，奥尔特曼和另一联合创始人格雷格·布罗克曼（Greg Brockman）当初拉他入伙时承诺建立开放源代码、非营利的机构，但如今 OpenAI 已"一心逐利"，2022—2023 年推出 GPT-4 等最强大模型时更是将原有的共同愿景"付之一炬"。尽管马斯克几个月后撤回了这起诉讼，但不久又在联邦法院追加提起新诉求，要求阻止 OpenAI 进一步向营利方向转变。与此同时，马斯克组建了新公司 xAI，声称要开发"旨在寻求真相的安全 AGI"，显然是与 OpenAI 分庭抗礼。

这场亿万富翁之间的角力超出了私人恩怨，其背后是对 AI 未来走向截然不同的理念之争：一方担忧 AI 失控，主张更强监管和开放合作；另一方坚信技术先行，以商业力量推动 AI 迅速突破。在硅谷，这对昔日伙伴的公开决裂引发了广泛讨论。支持马斯克的人认为他在捍卫 AI 的初心，避免技术被少数公司黑箱化；支持奥尔特曼的人则认为市场竞争有利于加速创新，美国不能在全球 AI 竞赛中放慢步伐。这种分歧短期内难有定论，但可以肯定的是，AI 治理不再是技术细节，而是影响产业格局和法律伦理的大问题。正如有人评价的那样：马斯克 - 奥尔特曼之争，其实是在探问"谁来制定 AI 游戏规则，硅谷巨头还是社会公共利益？"。这一问也促使更多人开始关注 AI 治理本身的规范化进程。

星际之门超级基础设施：技术野心背后的治理问题

除了理念之争，奥尔特曼在技术版图上的雄心同样引发治理挑战。其中最受瞩目的，是 OpenAI 近来筹划的 Stargate 超级 AI 基础设施项目。据报道，OpenAI 正与软银（SoftBank）、甲骨文（Oracle）等合作伙伴成立一家新实体"Stargate"，计划投入高达 1000 亿美元（远期可能扩充至 5000 亿美元）巨资，用于建设全球最大的 AI 数据中心网络和配套发电设施。Stargate 的目标是打造前所未有的算力"超级工厂"，为未来更强大的 AI 模型提供基础保障。奥尔特曼将其形容为"国家级的 AI 基础设施"，不仅服务 OpenAI 自身，也可能对其他机构开放。这展示了 OpenAI 不满足于做软件和模型，还要深入硬件和能源层面，为通向 AGI 铺平道路的野心。

然而，如此庞大的计划也引发了多方面的治理疑问。首先是资金和可行性：马斯克第一时间对 Stargate 表示质疑，他在社交媒体贴文嘲讽"他们其实并没有那么多钱"，称软银目前落实的资金远不足以支撑项目规模。奥尔特曼随即回应称马斯克"错了"，应该说远不足以支撑邀请其亲临得州首个在建的基地，并回击说该项目"对国家有利"，暗示马斯克站在自己公司利益角度唱衰。双方你来我往的争执，被舆论视作两人在 AI 宏图上的又一次正面交锋，也凸显了 Stargate 计划背后潜藏的产业利益冲突。其次是监管与公共利益：Stargate 这样体量的 AI 基础设施几乎相当于"AI 发电厂"或"算力核武"，其建设和运转将牵涉国家政策、电力资源分配以及全球网络安全。在缺乏明确外部监管的情况下，由一家私企联手资本主导如此重大的工程，是否会带来垄断和安全隐患？哪些机构来监督其用途、防范滥用和事故？再次是优先次序与安全：有批评意见认为，OpenAI 投入巨资上马 Stargate，可能将注意力更多放在提升算力和模型规模上，而忽视了对 AI 安全准则和约束机制的投入。当"更快更强"的技术追求遇上"更稳更安全"的治理需求，如何平衡？这些问题目前都没有清晰答案。可以预见，Stargate 项目在未来几年将成为 AI 治理的试金石：一方面它代表着技术前沿的大胆探索，另一方面也迫使社会去思考谁有权力打造和掌控如此强大的 AI 基础设施，公众利益如何在其中得到保障。对于奥尔特曼和 OpenAI 来说，这既是机遇，也是对其治理理念的重大考验。

 其他硅谷企业的 AI 治理实践

OpenAI 的经历并非孤例，硅谷其他科技公司也在摸索各具特色的 AI 治理之道，从中可以看出不同的侧重点和权衡。

Salesforce：以责任为导向的内部治理

企业软件公司 Salesforce 走的是一条强化内部伦理审核的路线。其 CEO 马克・贝尼奥夫（Marc Benioff）一贯强调"打造可信赖的 AI"，认为只有赢得用户信任，AI 技术才能长期创造价值。早在 2018 年，

Salesforce 就在内部制定了"可信 AI 原则"，承诺让自家 AI 系统做到负责、透明、公平等。紧接着，公司于 2019 年成立了道德与人文使用办公室（Office of Ethical and Humane Use），任命宝拉・戈德曼（Paula Goldman）为首任首席道德和人文官，推动"Ethics by Design"（从设计源头融入伦理）。这一架构使伦理团队有权参与和审查 AI 产品的开发全流程。例如，在推出 CRM 产品的 AI 助手 Einstein GPT 时，Salesforce 的伦理专家会评估模型可能带来的偏见和误用风险，提出改进意见。公司还确立了员工培训和客户指南，帮助各方理解如何负责任地使用 AI。通过这些举措，Salesforce 在硅谷树立了一个注重 AI 伦理治理的范本：不单追求功能创新，更注重在每一步将道德与合规考量融入其中。这种"预防胜于补救"的内部治理，让 AI 成为提升客户信任的工具，而非引发争议的负担。

Meta：开源策略与开放安全的权衡

与 Salesforce 注重内部控制不同，社交媒体巨头 Meta（原 Facebook）选择了开放源代码的 AI 治理策略。Meta 在 2023 年开放了其大模型 LLaMA 的权重，随后发布 LLaMA2 并提供给开发者自由使用，借此在与

OpenAI、谷歌的竞赛中走出一条"开源抢跑"的路。Meta 的首席 AI 科学家杨立昆等人认为，开源有利于 AI 安全：更多人可以审视模型细节，发现问题并改进，透明度提高了安全性。开源也有助于避免 AI 被几家巨头垄断，让全球开发者共享创新红利。在 Meta 看来，让 AI"开源"才能真正实现"民主化 AI"，因为任何组织和个人都能使用最先进的模型来创造价值。

然而，Meta 的开放策略也引发巨大争议和挑战。一方面，失控使用的风险陡增——模型一旦开源，任何人都可以对其进行微调和部署，Meta 无法像 OpenAI 那样通过 API 来约束用途。事实证明，研究者很容易让开源模型解除内置的安全限制，从而输出有害内容；有团队仅用约 200 美元的成本，就让 LLaMA-2 变成了一个愿意执行违法指令的"BadLlama"模型。这表明，一旦开放权重，将无法阻止坏角色利用 AI 干坏事——无论是生成深度伪造、垃圾信息，还是恶意代码。另一方面，Meta 内部也需权衡商业利益：完全开源意味着放弃直接通过模型获利的机会（相比之下，OpenAI 靠闭源 API 盈利颇丰），这对股东利益是不小的让渡。可以说，Meta 将开放与安全的难题抛向了社会：它寄希望于"众人拾柴火焰高"，即靠广大 AI 社区共同监督提升模型安全；但外界也在拷问：当不良后果发生时，责任该如何界定？监管者是否该介入开源模型的发布？ Meta 的做法为业界提供了一个极端参照，凸显了开放透明在 AI 治理中的价值，也提醒人们必须直面由此带来的新风险。

Anthropic：安全优先的"宪法 AI"实验

Anthropic 是另一家备受瞩目的硅谷 AI 公司，由前 OpenAI 副总裁达里奥·阿莫迪（Dario Amodei）等人在 2021 年创立，其诞生本身就带有对 OpenAI 治理的不满：创始团队认为 OpenAI 过于激进，遂另起炉灶，宣称以长期安全为核心导向。在公司结构上，Anthropic 选择注册为公共利益公司（PBC），并在公司章程中写明其宗旨是"为人类长期利益发展先进 AI"。为防止将来偏离使命，Anthropic 设立了一个特殊的"长期利益信托"（Long-Term Benefit Trust），该信托持有有表决权的特殊股份，可委派董事进入董事会，从而确保即使有商业投资者加入，公司治理仍牢牢围绕着公益使命。这一设计在公司控制权上为安全和伦理诉求留出了"安全阀"。

在技术治理层面，Anthropic 提出了独特的"宪法 AI"理念。简单来说，就是为 AI 模型制定一套明确的价值观原则的宪法，让模型在训练和交互中以这些原则为最高准则来约束自己的行为。例如，Anthropic 的对话模型 Claude 的"宪法"综合了人权、公平、专业伦理等方面的条款，使其在回答问题时会主动避免歧视性语言、拒绝非法指令，而这些约束是通过 AI 自我评判实现的，并非完全依赖人工反馈。这种方法一方面提高了 AI 行为的透明度（因为外部可以审查 AI 遵循的原则集合），另一方面减少了对人工审阅的依赖，提高了扩展性。Anthropic 称这是在 AI 安全上的一种创新平衡：既让 AI 能力不断进步，也尽量将安全原则内建其中。Anthropic 的模型在实际应用中往往被认为比竞争对手更"守规矩"，虽然有时这意味着对某些敏感请求的拒答率更高，但该公司愿意为坚持安全底线而牺牲一定的用户体验或商业机会。随着 Anthropic 获得来自 Google、亚马逊等巨头的投资，它如何在资本介入后继续坚守这套治理哲学，也将受到业界关注。但不可否认的是，Anthropic 为 AI 公司提供了一种"安全优先"的治理范式：通过公司章程和技术架构双管齐下，将以人为本的价值观嵌入 AI 研发的基因中。

AI 时代大众的应对策略

随着生成式人工智能和通用人工智能技术的迅猛发展，普罗大众正面临一系列涉及个人隐私、安全、就业与信息环境的潜在风险。AI 应用在带来便利的同时，也引发了新的挑战，从隐私泄露到算法歧视，从就业冲击到信息污染。以下探讨普通大众如何在 AI 时代应对这些风险，提升全社会的风险素养。

· **隐私与安全风险**：生成式 AI 的滥用可能危及个人隐私和财产安全。以深度伪造（Deepfake）技术为例，已有真实的诈骗案例发生——一名犯罪分子通过 AI 换脸技术在视频通话中冒充受害者的朋友，成功诱骗其转账 430 万元人民币。此类案件在网络上引发热议，众多网友感叹"照片、声音、视频都可能被不法分子利用"。由此可见，我们在网络上公开的图像和声音数据，都可能被 AI 技术恶意利用，导致隐私泄露和财产损失。

· **算法偏见与歧视**：AI 系统从大数据中学习时往往继承了数据中的偏见，进而导致算法决策对特定群体产生不公。例如，某科技公司曾用 AI 自动筛选简历，但因训练数据主要来自男性，系统对女性候选人产生歧视，不仅给出较低分数，还拒绝包含"女子""女性"等词的履历。这一案例凸显了算法歧视的现实风险——当 AI 应用于招聘、贷款审批、广告推送等关乎个人利益的领域时，如未经严格校正，可能放大社会偏见，损害少数群体寻求公平的机会。

· **就业与经济冲击**：生成式 AI 的普及引发了对劳动力市场的担忧。一方面，AI 工具正在替代部分重复性工作。国内典型案例是知名广告公司蓝色光标宣布"无限期全面停止创意设计、文案撰写等外包支出，由 AI 接手相关工作"。此举被视为 AI 威胁就业的信号，加剧了从业者的忧虑。另一方面，国际上也出现类似趋势：IBM 首席执行官表示将暂停招聘可被 AI 取代的岗位，预计未来几年约 7800 个岗位将逐步由 AI 承担。权威研究预测，AI 自动化将影响数以亿计的工作岗位。虽然技术变革往往催生新职业，但对众多从业者而言，技能被取代与岗位需求减少的冲击不容忽视。

· **信息污染与虚假内容**：生成式 AI 降低了制作虚假信息的门槛，大量 AI 生成内容正在污染网络生态。AI 仿造的图像和视频已达到"乱真"程度，致使公众难以辨别真伪。2023 年，一张 AI 生成的"五角大楼爆炸"照片及相关假消息在网络流传，虽随后被证实为虚假信息，但短时间内已导致美股盘中下跌。在地缘政治领域，俄乌冲突期间出现的"乌克兰总统泽连斯基呼吁投降"视频，尽管制作粗糙且很快被识破，但仍一度在社交媒体传播。这些案例表明，AI 生成的虚假内容可能误导舆论、引发恐慌，甚至影响金融市场和社会稳定。在真假难辨的信息环境中，缺乏甄别能力的公众极易受骗。

面对这些挑战，每个人都需要培养"AI 风险素养"，主动学习并运用新技能来保障自身权益。同时，公众应积极参与 AI 发展的社会对话，与政策制定者和各界共同构建健康、安全的 AI 应用环境。以下是 AI 时代公众应对风险的具体指南：

· **培养 AI 风险意识**：持续了解新兴 AI 技术及其潜在风险。公众应主动获取相关知识，例如了解深度伪造的原理和危害，认识到聊天机器人的回答并不总是可靠。提高风险意识有助于在使用 AI 应用时保持警惕，避免轻信 AI 生成的内容或指令，防范潜在风险。

· **提升批判性思维和人文素养**：在充斥自动生成内容的时代，批判性思考尤为重要。面对网络内容，公众应养成核实来源、辨别真伪的习惯。这需要扎实的人文素养和媒介素养作支撑——掌握历史、文化和科学常识，有助于识破 AI 生成的谣言。只有具备独立思考和质疑精神，才能在算法主导的信息流中保持清醒判断。

· **强化隐私保护行为**：在日常生活中采取更严格的隐私保护措施，降低数据被滥用的风险。建议谨慎分享个人图像和声音信息，定期检查社交媒体隐私设置，防止陌生应用过度获取个人数据。使用 AI 工具时应留意隐私政策，避免随意输入敏感信息。同时支持并遵守相关法规，提升全社会对数据隐私的重视。

· **适应终身学习和技能转型**：在 AI 技术持续演进的环境下，应树立终身学习理念，主动更新知识结构。对于易被 AI 取代的重复性技能，及时拓展能力边界，学习 AI 难以模仿的创造性技能和跨学科知识。例如，传统行业从业者可学习数据分析和人机协作技能，知识工作者则需持续提升专业深度和创新能力。社会各界也应提供更多再培训和转型支持，助力劳动者适应新就业形态。

· **参与公共治理对话**：公众不仅是 AI 发展的受众，更应成为规则制定的参与者。每个人都可通过适当渠道就 AI 政策提出建议、反馈问题。当监管机构发布生成式 AI 征求意见稿时，公众可提交建议，助力政策更好地平衡创新与安全。同时，关注 AI 伦理和法律动态，参与社区和媒体的治理讨论。通过公共对话凝聚共识，推动企业和政府采取负责任的治理措施，使技术更好地服务公众利益。

综上所述，AI 时代为普通人带来了前所未有的机遇与挑战。在加强监管和行业规范的同时，提升公众风险素养至关重要。只有当大众具备充分的警觉、知识和应对能力，社会才能从容拥抱技术变革，最大化 AI 带来的福祉，同时将负面影响降至最小。这需要政府、产业、教育机构和个人通力协作，通过持续的教育、对话与合作，共同营造理性、安全、富有韧性的智能时代生态。

结语：AI 治理的未来趋势与挑战

当前，生成式 AI 技术仍在以指数级速度演进，全球各国和企业都在加紧布局下一代 AI。在此背景下，建立有效的 AI 治理机制已成为不可回避的迫切课题。回顾硅谷的见闻和全球动态，我们可以预见未来 AI 治理将呈现以下趋势与挑战：

首先，监管和标准将迅速推进。过去一年里，政策制定者对 AI 风险的认识空前提高，立法监管正提上日程：欧盟已经率先推出《AI 法案》（AI Act）草案，对高风险 AI 应用设立透明和安全要求；中国、美国也分别发布了生成式 AI 管理办法草案和 AI 治理准则。各国政府不约而同地强调，AI 发展需遵循人类价值和法律框架，不能任由企业"技术暴跑"。可以预见，未来几年内强制性的 AI 治理规范将逐步确立，包括数据来源合规、算法透明度、风险评估、责任追究等方面的具体要求。这对于一直享有"监管沙盒"待遇的硅谷 AI 公司而言，将是一个重大的环境变化——他们需要在创新和合规之间投入更多精力寻找平衡。领先企业若能主动拥抱合理监管，参与标准制定，反而有望赢得先发优势和公众信任；相反，抗拒监管可能招致更严格的强制措施和声誉风险。

其次，全球协作框架的探索将加速。AI 作为跨国界的技术，其影响和挑战也绝非一国可控。各国在认识到竞争的同时，也意识到合作的重要性。例如七国集团（G7）启动了"广岛 AI 进程"，试图就生成式 AI 的治理达成共同准则；联合国层面也在讨论设立一个类似原子能机构的国际 AI 监管机构来监测和评估强 AI 的发展。2023 年末，英国召集了首届"AI 安全峰会"，欧美中等主要 AI 玩家齐聚，讨论高阶 AI 风险的全球应对之策。这些努力表明，跨国合作将在 AI 治理中扮演关键角色。未来可能出现双轨并行的局面：一方面是民主国家间协调建立自愿准则和联盟；另一方面是更广泛的联合国 / 国际组织框架，确保包括发展中国家在内的更多声音被听见。当然，国际合作也面临巨大挑战——不同国家政治制度和利益诉求各异，如何弥合"技术冷战"的裂痕、避免 AI 治理被地缘政治绑架，是需要各方决心和智慧的难题。

再次，技术社群和公众将在治理中获得更大发言权。AI 不应也不可能仅由少数科技巨头和政府高层说了算，其影响触及社会每个角落，因而需要多元利益相关者共同参与治理。未来的趋势是让公众参与 AI 治理的过程制度化。例如，政策制定前广泛征求社会意见，组织跨领域专家和普通市民参与的讨论会；建立常设的

AI 道德审议委员会，引入哲学家、社会学家、人权专家等为重大 AI 应用把关；支持类似于"公民陪审团"或"公众咨询委员会"的机制，让 AI 部署于公共服务时，当地社区有知情权和建议权。一些 AI 公司已尝试这样做，例如 Anthropic 曾邀请公众通过网络投票和讨论，来决定 AI 模型的部分行为准则草案。这种探索有望继续扩大。透明度也将是提升公众参与的前提——公司需要公开重要模型的能力边界、训练数据来源、已知风险和缓解措施等信息，以便监管者和公众监督。只有当 AI 行业褪去神秘感，公众才能更好地参与讨论 AI 走向何方。可以预见，未来"开源情报"（Open Intelligence）和独立审计将成为常态，强大的模型可能需要登记在案、接受定期评估，就像制药公司新药要经过审查一样。

最后，AI 治理也需应对新兴风险和伦理难题。随着技术演进，我们将面临前所未有的问题。例如，针对一代具备自我优化和决策能力的 AI 系统，如何界定其法律地位和责任主体？如果某 AI 因自主行为造成损害，责任应该归属于开发者还是用户？再如，当 AI 进一步融合生物技术、脑机接口等领域，治理范围将扩展到人类认知和隐私的新层面。还有量子计算与 AI 结合后带来的加速效应，可能颠覆既有加密和安全体系。这些都是当前治理框架尚未覆盖的空白。未雨绸缪地研讨和建立前瞻性的治理沙盒，允许创新的同时快速试错调整，将是政策制定者和技术社群需要共同努力的方向。

归根结底，在技术快速发展的大潮中保持冷静的治理思考并非易事。站在硅谷的繁华与喧嚣中回望，这场关于 AI 治理的思考令人深刻地意识到：技术的飞速进步终将迫使人类重新审视自身的智慧与勇气。OpenAI 的兴衰沉浮、巨头之间的纷争博弈、不同企业的探索实践，所有这些故事写就了 AI 治理变局的精彩篇章。在亲历这一系列事件后，我愈发坚信：以人为本、负责任的 AI 未来并非自动到来，而需要我们每一个参与者去争取和塑造。科技从来不是中立的神祇，它反映出我们赋予它的价值。正如本文所述，各方在探索中已经积累了一些经验和教训——我们看到了理想主义的力量，也目睹了缺乏制衡的危险；我们欣赏开放合作带来的创新生机，也警惕放任自流可能引发的暗影。展望前路，要实现 AI 造福社会的初衷，我们别无选择，唯有让治理与创新比肩同行。

WAIC UP MORE

杜 兰

世界数字科学院
国际首席人工智能官（WDTA I.CAIO）

《AI的下半场：如何在巨头的阴影下
找到自己的机会？》

WAIC UP! 按：

在 AI 技术狂飙突进的今天，我们究竟该如何在这场变革中找准自己的位置？世界数字科学院国际首席人工智能官杜兰，以其独到的视角和丰富的实践经验给出了她的答案。从中小企业如何借力 AI 实现逆袭，到家庭服务机器人的未来图景；从资本市场的冷热交替，到各地 AI 产业的差异化优势——杜兰的分享不仅剖析了 AI 背后的深层逻辑，更为我们勾勒出一幅充满机遇与挑战的未来画卷。

当 AI 成为比你更懂你的存在，我们是否已准备好迎接这场颠覆性的科技革命？杜兰以"做难而正确的事"这一 AI 科普使命为起点，探讨了技术落地的真实困境与突破，并为创业者、企业家乃至普通人提供了极具前瞻性的行动指南。无论是"AI+"的商业化谜题，还是"AI 向善"的终极意义，她的见解都将为我们打开一扇通向未来的窗。

AI 的下半场已至，你准备好了吗？

嘉宾简介

杜兰，系统工程博士、管理学博士后、教授级高级经济师、博士生导师。现任世界数字科学院国际首席人工智能官（WDTA I.CAIO）、广东省政协委员、广东省科学技术协会常委、广东省工商联常委、广东省人工智能产业协会创始会长、香港大湾区工商联执行主席、深商总会会董、广州创新企业联盟会长、中国公共关系协会常务理事 / 新技术委员会执行主任、人工智能与数字经济广东省实验室（广州）技术委员会委员，华大基因独立董事、巨深智能科技董事长、爱因智能科技董事长。曾任科大讯飞高级副总裁。受聘为中国人民大学、中国传媒大学、中山大学、华南理工大学、暨南大学讲席教授。

入选"福布斯中国科技女性榜单"与"财富中国最具影响力的商界女性榜单"，荣获全国三八红旗手、中国行业品牌领军人物、品牌中国人工智能特别贡献奖、中国 ICT 产业十大经济人物、中国百大品牌人物、中国十大品牌女性、北京冬奥火炬手、广东省优秀共产党员、广东省十大经济风云人物、广东最美科技工作者、2025 十大创新教育榜样人物、2024 年度智慧城市先锋榜精英人物、"广州榜样"年度人物、南方周末年度先锋人物、粉红丝带公益推广大使。在国内外重要期刊、国际重要学术会议上发表论文三十多篇，并且参与出版《基于平台的商业模式创新与服务设计》，翻译《像她那样奔跑》等专著。拥有 1 项发明专利及相关 AI 专利 36 项。

首席人工智能官（WDTA I.CAIO）的新身份参与世界人工智能大会，并将在大会第一天主持一场分论坛，同时也非常期待和业界的朋友们一起交流。

从事科技领域这么多年，我发现数实融合（数字经济与实体经济的深度融合）是未来一大趋势，尤其是大模型出现以后，大家都特别希望 AI 能够快速地被企业用起来，被我们每个人用起来。但实际上，数字经济和实体产业之间还是有个亟待跨越的鸿沟，而且人工智能时代和移动互联网时代是不太一样的，移动互联网时代也许靠产品细节的打磨、商业模式的创新就可以完成一些飞跃，但是在人工智能时代，必须得靠技术的突破，才有可能形成各种各样的应用。

我们发现，许多技术公司的人并不了解实际的应用场景，而且实体产业里的应用场景又是高度碎片化的，这对技术的工程能力和突破能力提出了很高的要求。与此同时，大多数实体企业对新技术是有恐惧的，大家总将 AI 技术视为高深的"硬科技"，认为与自身关系不大。

但我觉得，特别是 DeepSeek 出现以后，AI 将会把很

"AI 是让我们变成六边形战士的武器。当机器人实现多机协同，科幻将照进现实。"

WAIC UP！： 请您先为我们介绍下，是什么推动您开启了人生的下半场——创业做 AI 科普的呢？

杜兰： 首先，我很期待今年将以世界数字科学院国际

多可能变成现实，同时很多的生意、很多的行业都将会重新洗牌。在这一轮的竞争中，中国和美国是两个最头部的玩家，从某种程度来说，也可以说是唯二玩家。而且并不像很多人认为的那样，在原创技术上美国走得特别靠前。实际上，DeepSeek 的出现使中美科技的竞争格局发生了显著变化，也让我们看到了中国的原创力量在科技领域上的领先，并不只是美国一家在唱独角戏，中国已能在全球 AI 竞争中与美国同台竞技了。

也正是因为这样一个契机，结合我在科技创新领域这么多年的经历，我还是很期待能走到一些实际场景中去解决问题。所以这个时候，我们国内最应该关注的是中小企业。他们面临着非常大的困难，缺乏资金、人才、高质量的数据，那么在这一轮大模型落地应用的过程中，他们能发挥什么样的作用？

而大模型在性能上的比拼已经到了一定阶段，竞争的重点一定是下半场，也就是"AI+"——AI 怎样和各行各业相结合？现在很多大厂都聚焦于科技创新，但我感觉大厂布局虽广（宽度 1 公里），但缺乏垂直领域的深耕（深度 1 厘米）。因此我们要去关注一些细分场景，哪怕做不到很多很广，只要能解决部分领域小而美的一些问题，我觉得这都是有价值的。

前段时间我们去了苏州的一个制造业工厂，发现大家对 AI 充满了幻想，他们列了 100 多个希望我们解决的问题，经过梳理以后发现：一部分是自动化就能解决的问题；一部分是管理问题；只有 15%~20% 才是需要通过 AI 解决的问题。所以我们看到，在这方面还有很多工作要做。

其实这一轮大模型的浪潮，对中国的实体产业来说是一个非常好的机会。中国实体产业的门类以及整个供应链是非常完备的，信息化也走在世界前列，但实际上我们深入观察后发现，仍存在显著的提升空间。而且现在技术成本和门槛已大幅降低，有些尚未实现信息化、数字化的企业，这时就可以借着这一波东风，把 AI 的信息化、数字化全都部署上。

我们看到，一些有前瞻意识且行动迅速的头部企业已经开始行动。所以我特别呼吁大家要先从马上能降本增效的领域开始做，比如"AI 营销""AI 提效"。这些是立刻能尝到甜头的领域，只有尝到了甜头，大家

才愿意去做一些超出边界的事情。

关于这方面的行动，我预测将会在今年如火如荼地开展起来，只是还没有迎来真正的蓬勃发展期。根据 Gartner 发布的 2024 年新兴技术成熟度曲线，生成式人工智能（GenAI）即将越过期望膨胀期，进入泡沫破裂阶段。这一判断源于一个根本性矛盾：虽然 AI 技术概念火热，但其工程化能力在应对碎片化场景时仍显不足。现阶段，我们既需要底层算法的突破性创新，更需要提升技术在实际场景中的落地应用能力。

所以作为世界数字科学院国际首席人工智能官，我还在推动一件事——希望联合世界数字技术院（WDTA）的院士、科学家和技术大咖，深入到实际场景中来帮大家解决问题。我们每个月能接触几百至上千家企业，借助不同的问题，我们希望找到其中的最大公约数。技术要来源于真实世界，并且要为真实世界服务。这是我一直坚守的信条，我们要去解决真问题。

我们发现，当前中国制造业面临的核心矛盾已从产能不足转向市场需求不足。在产能普遍过剩的背景下，许多制造企业的产线开机率持续低位运行，车间工人数量显著减少，这种现状使得传统的生产效率提升方案难以立竿见影。相比之下，AI 营销正成为制造业数字化转型的更迫切的切入点——通过精准匹配供需、优化销售渠道、提升产品竞争力，AI 能直接帮助企业解决"产品怎么卖出去"这个最关键的生存问题。

在这个 AI 时代，科技工作者都是有 AI 信仰的，因为热爱所以坚守。那么对普通人来说，我们就一定要具备 AI 素养。

首先要对 AI 祛魅，你可以不深究技术原理，但是一定要懂怎么去用好它。这正是我现在投身 AI 科普的一个重要原因，科普需要面向企业家、学校及青少年，并能够帮助他们提升 AI 素养。所以，我乐此不疲地去做

AI 科普，这的确非常辛苦，但我坚信它是一件难而正确的事，我愿意去做这样一个宣传者、布道者，让大家学会使用 AI。不要过于迷信 AI，而是要把它当成一种工具、一种能力，一种能让我们变成"六边形战士"的"武器"。

在信息爆炸的当下，知识已变得不是那么重要，而传递知识的能力变得非常重要。我在做科普以后发现，尽管已经尽力用最通俗的方式讲解，但是大家还是反馈听不懂。所以我扪心自问：我们应该如何解释，如何让更多人接受？也有很多女性朋友说，我们很喜欢听你讲东西，但是你讲的我们听不懂，可不可以讲点别的？因此，我认为首先要让大家愿意倾听，然后才有可能逐渐接受并使用 AI。

我们也创建了 AI 课堂和商学院，旨在为更多企业家、创业者和企业高层管理人员提供学习机会。因为 AI 知识体系复杂，所以我们提倡要"闭门学习"，要投入时间沉浸式学习，通过理论学习、案例实操，结合交流和感悟，才能有所理解和掌握，才有可能点燃属于你的那团"星星之火"。

在 2015 年的时候，我们就说过未来 AI 会像水和电一样无处不在，但实际上今天我们还在讨论这个技术，说明这个技术还没有足够强大。凯文·凯利说，当技术变得隐形的时候，才是它最强大的时候。我相信只要我们用好 AI，总有一天 AI 会像水和电一样，每一天都在为我们服务。

我觉得这就是做好 AI 科普的意义，为中国的中小企业赋能，为中国的 AI 加油。

WAIC UP!：您曾预测家庭服务机器人将在 2030 年后普及，那么您认为在这个领域目前面临着哪些机遇和挑战？

杜兰：每过 10 年，数字科技类消费品都会出现一波新浪潮。90 年代，个人电脑（PC）出现。2000 年，互联网的出现让我们看向外面的世界，在那时也诞生了非常多伟大的企业。我记得阿里巴巴是 1999 年成立的，科大讯飞是 1999 年成立的，华大基因是 1999 年成立的，包括腾讯、新浪、搜狐、网易等，它们都是在 2000 年左右成立的。这让中国的第一批互联网公司看向了世界，走向了世界。

2010 年左右，移动互联网以及智能机出现。这时诞生了非常多伟大的应用，极大地改变了大家的生产生活方式，很多企业提供了特别多好玩、新奇、酷炫的应用，让我们享受到了科技的便利。

2020 年左右，新能源智能汽车诞生。关于这一领域，刚开始很多人还不太能接受，但是这两年已经成为一个事实——中国的汽车产业在新能源汽车领域爆发了。从本质上看，新能源汽车其实是一个汽车外形的机器人，它用软件定义硬件的方式重塑了传统商业模式。

那么，下一个 10 年——2030 年，会是什么样？从近几年的美国拉斯维加斯国际消费类电子产品展览会（CES）上，我们看到"AI+ 硬件"妥妥地占据着 C 位。不论是刚开始起步的 AI 原生硬件，还是说为传统硬件插上"AI 翅膀"，让手机、电脑、手表等具备 AI 的一些能力，"AI+ 硬件"始终是最受关注的焦点。而到 2030 年，我们认为"AI+ 硬件"应该会达到最高形态，而且其中最普的应用形态就是家庭服务机器人。

今年 CES（国际消费类电子产品展览会）展会上，情感陪伴机器人成为备受关注的焦点，这标志着家庭服务机器人正在向情感化方向发展。但必须承认，当前的技术水平与人们的期待仍存在较大差距——展会上看到的更多只是简单的对话玩具（比如可以挂在包上的毛绒玩具），而非我们理想中真正实用的家庭服务机器人。

从长远来看，人形机器人设计具有不可替代的优势：我们生活的家居环境完全是以人类体型为标准设计的，只有具备人形特征的机器人才能无缝融入家庭场景，自如地使用各种家居设施，完成从清洁到照料的各类家务。这类机器人不仅需要拥有人类的灵活性和适应性，更要具备超越人类的体力和耐力。

我曾在担任政协委员期间写过一件提案，叫作"养儿防老不如 AI 养老"。以当时的智能助听器行业为例，进口产品价格高达数万元，而通过 AI 降噪算法和智能声音匹配技术，我们成功将价格降至千元级别，让更多有听力障碍的老年人能够负担得起这个改善生活质量的关键设备。这类结合 AI 技术创新与民生需求的赛道，不仅具有显著的市场潜力，更体现了科技向善的社会价值，值得我们重点关注和投入。

未来，机器人养老也就是"老年人看护机器人"将受到很大关注，它整合了语音识别、人脸识别、手势识别的一些功能，尽管其智能化水平在当下仍有提升空间，但是至少能识别老人跌倒，通过实时监测、提供报警功能来保障老人的居家安全。

目前，一些垂直任务领域的机器人产品，也已经有了很多规模化的成熟应用。2024 年初，斯坦福大学研发的 ALOHA 机器人亮相后便引发广泛关注。它可以帮主人剃胡子、收拾碗筷、洗衣服，还可以非常体贴地把酒杯拿起后擦掉流在桌上的酒渍。

另一个案例是 Figure 02 机器人在宝马汽车生产线中的成功应用，通过功能演示，我们看到了这个机器人在技术上的重大突破。

首先，Figure 机器人可以听得懂人话。比如，当我们把很多杂物放在桌上，而且机器人从来没有见过这些物体，你只要说一句"把它归位"，机器人就可以完成这个任务。这说明，当我们输入自然语言后，机器人就可以输出物理动作，这对于家庭服务机器人来说具有非常重大的意义。

大家想想，我们现在经常接触的智能产品有智能音箱、扫地机器人，还有酒店里的配送服务机器人。这些机器人有一个特点，即它们都只能在某一个特定领域完成任务，并不具有通用能力。但是在我们的日常生活中充满各类物品，面对着各种非常复杂且不受控的环境，如果家庭服务机器人能在这种环境中应对自如，它就能在家庭场景中发挥作用。

其次，这是史上首次两个机器人"共用一个脑子"。这一点其实是有点让人不寒而栗的。因为在传统的机器人模型里，一般都是把感知、理解和动作执行集成在一个系统里。这类机器人可以看作是由"大脑""小脑""身体"三部分组成的，三者齐全，才像是个完整的人形机器人。但这次 Figure 团队反其道而行之，他们把大脑和小脑分别装在了两个机器人身体上。只有大脑的机器人是"智慧专精"，负责语义理解、任务规划和逻辑分析；只有小脑的机器人则是"运动专精"，负责实时的动作生成。两个机器人也不是各玩各的，而是可以进行通信和协作。

这听起来让人既兴奋又可怕。我们现在看到是两个机器人，如果是 100 个机器人，那会是一个多么恐惧的画面？所以说，如果未来每一个机器人都是某个领域的专家，又能够实时通信，就像连体婴儿一样实现协同合作，那就真的是把科幻片里的场景变为现实了。

但不容忽视的是，当前服务机器人展示的背后，实际上隐藏着诸多尚未战胜的技术挑战。发布会上那些流畅的演示视频，往往是经过无数次失败和调试后的"完美版本"。机器人仍面临着多重困境：行动安全性问题（如意外碰撞老人或儿童）、隐私保护漏洞（信息泄露风险）、环境适应性不足（打碎家居物品等意外状况），以及最关键的泛化能力缺失——机器人往往无法像人类一样举一反三地处理突发情况。这些技术瓶颈的存在，恰恰说明服务机器人从实验室到家庭应用还有很长的路要走，需要我们持续攻克核心算法和工程化难题。

今天我们看到一些机器人既可以翻筋斗，又可以丢手绢，但实际上它仍不具备工程能力。这些演示其实都是提前训练好的一些动作输出，它并不能根据现场的情况实时反馈。市面上绝大多数的人形机器人演示都是依赖遥控器和预先设定好的程序来完成的，并不是真正自主化的智能。可见，这种多模态感知和动作耦合的训练数据仍显不足。

当前人形机器人技术面临的根本性挑战与大语言模型存在本质差异。现在的大语言模型尚有可能产生"一本正经胡说八道"的输出偏差，人形机器人要实现类人水平的精确计算和物理交互能力，其技术门槛就要高得多了。要想实现所谓的"GPT 高光时刻"，仍然需要突破诸多核心技术瓶颈。这一目标在可预见的未来仍显得遥不可及。

那么，现在人形机器人到底应该怎么样去发展？宇树科技 CEO 王兴兴曾说过，要想让人形机器人做家务，真的是难于造火箭，因为它目前的智力水平还不到三岁孩子。

我们认为，人形机器人的发展需要大脑和小脑间超强的协同能力。先来看机器人大脑的发展方向，正如刚才我们提到的，机器人大脑要实现"智慧专精"，必须要具备语言交互、环境感知还有任务决策的能力，这样才能让它在和人对话交互时迅速作出决策。

当前大模型的快速发展正在推动机器人大脑实现显著突破，特别是在多模态环境感知能力方面。机器人的认知方式正在经历从规则控制到机器学习的范式转变，这种进化让 AI 系统获得了更接近人类感知的空间智能。正如李飞飞提出的空间智能和杨立昆强调的世界模型所揭示的，AI 仅凭一张二维图像就能够直接想象出完整的三维物理世界，这种让 AI 能够感知和理解物理世界的能力才是我们的最终目的。

当时 Sora 刚出现的时候，很多人以为它只是一个绘画的工具，或者是制作视频的辅助工具。这样想就太浅薄了，它实际上是一个真实物理世界的模拟器。我们只有给计算机装上这样的眼睛，它才能感受到真实的物理世界，才能够为理解物理规律和人机互动奠定感知基础。

再来看机器人的运动控制系统。我们追求的理想状态是让机器人具备自主环境适应能力——不仅能完成跑、跳等基础动作，更能通过机器学习，实时感知环境并自主调整运动参数。

然而，现实与理想仍有差距。正如近期人机半程马拉松比赛所展现的：当前机器人的运动控制仍需后台人工干预，这一系列结果虽在预料之中，却也极具启示意义。因为我是跑马拉松的，看了以后就觉得特别好玩。我觉得这样的比赛，能让更多人真正地认知到机器人的技术边界，这是一件非常好的事。而且也确实要让机器人突破实验室测试的局限性，感知到真实世界里的各种情况。

因此可见，就像汽车发展初期需要"红旗法案"的过渡阶段一样，机器人技术也必然要经历从实验室到真实世界的淬炼过程，这是技术成熟的必经之路。

"越是未形成大众共识的赛道越适合提前布局。创新的生态和开放的心态两者缺一不可。"

WAIC UP！： 从资本市场来看，很多投资人都不看好人形机器人。奥尔特曼也曾透露，ChatGPT Pro 服务仍处于亏钱状态。您认为未来整个 AI 领域的商业化预期到底怎么样？

杜兰： 前段时间，著名投资人朱啸虎的观点引起了很多争议。从投资人视角来看，我完全认同他的观点，其商业逻辑的表述也是成立的。

对于这类观点的理解取决于大家思考问题的角度。从一个技术大厂的角度来说，如果你不去布局人形机器人，那有可能就会错失一个重要的赛道，错失未来。站在投资人的商业逻辑来说，资本市场一般会关注两个维度，一个是共识，一个是商业化。当某条赛道尚未形成大众共识却具备清晰的商业逻辑时，对投资人而言，这便是高性价比的选择。但是如果某个赛道的共识特别集中，但商业化路径不清晰，那么投资人还需要观望吗？

就像大家都特别看好机器人的未来，但是机器人的商业化如何落地？大模型也是一样，大家都认为这是"兵家必争之地"，但是大模型怎么去实现商业化？连微软这样的金主都快供不起 OpenAI 了。

所以当下在人形机器人领域，我们觉得主要面临三个问题。第一，训练数据不足。大量的数据都是在仿真环境中训练出来的，这是基于大量互联网数据的一种抽象沉淀。一旦到真实物理世界中来，机器人就有可能掉链子，因为真实世界和互联网中的这种模拟数据是完全不一样的。即使是把现在最聪明的大模型装到机器人的大脑里，也很难适应这样复杂多变的环境。

第二，机器人大脑还不够智能。我们说的这种智能是基于人类语言的智能，它和世界语言是完全不一样的。黄仁勋曾经在公开演讲里说过，他把 AI 分成了四个阶段，最后一个阶段叫作物理 AI，实际上就是 AI 实现对三维物理世界的理解。比如要理解动力学、几何和空间的关系、因果关系、客体的永久性。要想实现这些能力，就必须要让机器人的"大脑"去做大量相关的训练。

举例说，我们一只手上有 40 多个关节，但是大模型可能只预设了 200 多种动作，就洗衣服这样一个简单的动作来说，它没有办法依据衣物的材质、重量做出各种改变。这就存在一个逻辑上的断层，也就是说大脑还不够智能。

第三，能耗挑战严峻。一家 AI 企业就可以消耗 3000 块英伟达 H100 这样的算力资源，而单个机器人每小时的耗电量可达 3 度左右。未来面临这种大量的能耗需求，需要怎么样去做？我觉得我们应该从多个方面去解决这样一些问题。

WAIC UP!：当下，全国的 AI 企业遍地开花。您如何看待各地在 AI 发展上的不同优势？尤其是想请您结合上海的优势，给上海的 AI 企业发展支支招。

杜兰：这个问题挺难回答的。因为我一直生活在大湾区，我对大湾区是充满感情的。黄仁勋也曾经在一场座谈会上表达过对大湾区的看法，他说粤港澳大湾区是世界上唯一一个拥有机电技术和人工智能技术的地区。这其实说明了大湾区的一个独特优势——完整的产业链。

广州其实有着 2000 多年的商业文明，而且从来没有断过。广州涵盖全部 31 个制造业大类，其中 15 个产业规模居全国首位。如果要做 AI 硬件，那么以深圳为代表的一些大湾区城市是可以实现生态闭环的。在芯片设计、智能终端、人形机器人等领域都各有代表企业，而且都非常有竞争力。

比如，大湾区汇聚了华为昇腾——芯片研发技术的标杆代表，腾讯云的 AI 平台，还有商汤、科大讯飞等头部企业，更依托其牵引力，集聚了很多拥有国家力量的技术平台。

最重要的是，这里的商业生态非常多，不管是纺织服装这种轻工业，还是制造业、服务业，都有相关的场景。这些场景实际上也是落地 AI 应用最好的试验田，所以我觉得大湾区的 AI 产业生态囊括了硬件层和应用层。也就是说，只有将制造业这种"肌肉"和人工智能的"神经"融为一体，才能够形成 AI 应用的良好生态，特别是能够让 AI 企业快速获得硬件和数据支撑，也让传统制造业得以借助 AI 实现价值跃迁。

此外，大湾区也正深度整合港澳地区在金融领域的国际窗口效应和珠三角地区的制造能力，由此构筑起了非常强的综合优势。

上海在我们心目中一直是中国最有特色的一个城市，它的特色就是全面。这么多年来，不管是从市场规模上来看，还是从产业优势上来看，整个长三角地区一直都是经济非常活跃的区域。制造业不仅密集度高，更呈现出高效协同的特征。其产业门类覆盖广泛，产业链条完整，技术水平持续领先。

对我个人而言，对于上海最深刻的感受莫过于这座城市面向全球人才的强大磁吸效应。特别有意思的是，我最近在上海参加了一整天的会议，其中半数会议都使用英语作为工作语言——这种国际化程度对吸引全球人才形成了独特的竞争优势。我注意到一个现象：身边大多数海归朋友都会不约而同地首选上海，他们给出的理由出奇地一致——这里是国内最容易实现"软着陆"的城市，从工作场景到生活氛围都能快速适应。

其实这次"杭州六小龙"异军突起以后，大家都会关注政府的服务效能问题，"有事服务，无事不打扰"成了一种标杆，这也带来了一种非常宽松的创新环境。其实不仅如此，我觉得很多城市在培育企业方面，还要有长期的眼光、长期的心态，这些很重要。一些发展得特别快的区域有时反而更看重短期回报，对企业的长期发展缺乏耐心和持续支持。其实，如果节奏太快，反而不一定有石破天惊的创新。

那么在这一轮 AI 竞争中，我觉得上海其实有一些非常好的深度垂直场景值得去打磨。比如像金融领域，上海有深厚的金融基础累积，在"智能投顾""AI 风投"这些深度场景应用上是大有可为的。比如 DeepSeek 背后的股东"幻方量化"也是国内知名的量化投资公司，虽然在这个领域很多企业是秘而不宣的，但都在做着相关的尝试。

其次，我觉得上海的产学研合作卓有成效，它可以构建开放协同的创新生态，特别是和杭州、苏州离得这么近，算力、数据、应用可以一起联动，又可以把高校、企业的研发力量聚集起来。

此外，通过在全国"北上广深杭"多地的科普实践，我特别注意到上海展现出与众不同的创新氛围。最让我印象深刻的是上海企业家的特质——从他们听课时的专注眼神，到提问时展现的行业洞察，再到课后立即落地的行动力，都明显优于其他城市。我们在上海的科普活动总是能获得最热烈的反响：他们不仅能精准理解技术价值，更能快速转化为商业决策。比如刚结束的上海场 AI 主题讲座，当场就有多家企业提出合作意向，希望将 AI 技术应用到营销、提效等具体场景中。这让我深刻意识到，上海之所以能形成如此活跃的创新生态，与企业家们的开放心态密不可分。

更关键的是，上海拥有独特的国际区位优势。这座城市完全有能力依托其成熟的国际平台，吸引全球顶尖 AI 企业入驻，并主导关键领域的国际标准制定，从而推动上海升级为全球 AI 技术贸易的核心枢纽。所以，我觉得上海应该更加积极地参与国际标准制定，推动数据跨境流通机制建设，开展更多前沿领域的制度型开放探索。

WAIC UP!： 作为一位 AI 领域的前辈，一路走来，您认为现在 AI 发展进入到了什么阶段？尤其是对当前国内 AI 创新创业的年轻人来说，有什么前瞻性的建议或忠告？

杜兰： 这其实算不上什么忠告。我们现阶段得出的结论，或许只是特定时期的有限认知——有时候我们口中的"常识"，恰恰是很多人尚未领悟的真知。但不得不承认，这些认知往往需要付出实实在在的代价才能获得，是经历过挫折甚至教训后沉淀下来的体会。

有一次我参加一个论坛，一位看起来非常资深的创业者站起来说："我做教育做了这么多年，才发现孩子是不爱学习的。"大家哄堂大笑。听了这句话，我觉得这真的是一次饱含热泪的发言。这是一种高认知，但为了这个认知他也许付出了非常大的代价。

我在给大家讲课时，提到 AI 教育领域，我会一直强调一个结论，"孩子是不爱学习的"。在所有教育类的产品中，如果要求以孩子的自驱力为动因，那这个产品从一开始设计就是错的。学习是反人性的，我们要设置一定的强牵引，比如说考试评级，或者是让它娱乐化，这样才有可能推动教育产品做成真正量大面广的应用。

我很喜欢和创业者们一起交流，因此我也做过很多期的创业导师，并且在创业节目的决赛环节中是非常出名的黑脸评委，打过全场最低分。我们要对创业者负责，话虽尖锐，但有可能让你少走很多弯路，不会让你的钱打水漂。

我在两年前的创业节目上就跟大家讲过，如果你今天还在做一些像低代码、数字人这样的工作，将很容易被大模型取代。ChatGPT 刚出现的时候，很多人还没有意识到它的"轰轰烈烈"，更没有想象到今天 DeepSeek 会以这么低廉的价格实现"AI 平权"，所以在那个时候大家还很乐观。我当时还说过，未来技术的门槛会降得非常低，如果一个小型创业公司不快速转型，还指望仅靠某一项领先技术作护城河，那基本上是不可能成功的。

对当下的创业者而言，这个时代充满前所未有的挑战。我在科普时常说："AI 一天，人间一年。"我们每天一醒来，行业格局就可能已发生颠覆性变化。在这样的加速度时代，持续学习、快速迭代和主动适应不再是竞争优势，而是生存必需。因此，如果大家想创业，一定不要站在巨头的必经之路上，否则你会很快被碾碎。

就像前几个月 OpenAI 刚刚更新了 GPT-4o 服务的多模态生图功能，很多创业者一下就破防了，他们积累的护城河——做了很久的产品直接就被替代了。所以，作为创业公司，特别是一些小体量的创业公司、草根出身的创业公司，千万不要在大模型的主航道上去 PK。

你可以尝试走在大模型的上游，比如说为大模型提供数据、算法、算力服务，这就相当于有人要去挖金山，你来卖淘金的铲子。或者你也可以走在大模型公司的支流或者下游，链接一些大模型和行业的应用，这就相当于你拿了淘来的金子做黄金制品。再或者是可以开发一些大模型的销路，但是绝对不要去和主流大模型拼能力。

所以很多创业者说，不要走在大象迁徙的必经之路上，我觉得这个经验是一定要遵循的。你不要和巨头在主流市场上正面竞争，而是要想办法切入到巨头还顾不过来的领域，比如边缘的市场或者创新的市场，通过另辟蹊径才有可能实现创新逆袭。

朱啸虎前段时间讲了一段话，让创业者听来也是泪流满面的。他说你们千万不要老想着去做一个很伟大的技术，形成一个护城河，而是要双手沾泥地去做那些看起来非常苦又非常耗人的工作，这样的工作反而是有竞争力的。

这就像我们为中小企业提供 AI 赋能一样，这绝非简单的技术输出，而是一个需要深度参与"双手沾泥"的过程。这要求我们深入企业现场，细致梳理办公、生产、服务等全流程中的每个环节，针对性地设计 AI 解决方案。当然，我们也要具备标准化的技术研发能力，但真正的价值实现必须依靠"技术 + 人工"的紧密耦合。所以，真正的护城河从来不在技术本身，而在于那些通过扎进红海市场、攻坚一个个痛点而积累起来的实战经验。

还有一些"小而美"的赛道往往也蕴藏着巨大商机。比如，国内一家初创企业设计了一款爆品，他们仅在手机背面贴附一张集成麦克风的金属卡片，搭配大模型技术，就打造出一款能自动生成会议纪要的硬件产品。初看这个方案似乎毫无技术含量——无非是 GPT 套壳加上远场收音优化，甚至让人质疑其必要性（毕竟现有办公本和手机 APP 都具备类似功能），但正是这些产品的细微差异——更好的语义理解、说话人角色分离等体验优化——让该产品去年在美国市场斩获 7000 多万美元年收入。这个成功案例揭示了一个创业真谛：与其追求技术上的高大上，不如聚焦"一根针捅破天"的产品策略——找准代差级的刚需场景，通过精准的微创新打造极致用户体验。这种务实的产品思维，往往比单纯的技术堆砌更能赢得市场认可。

作为技术出身的创业者，我始终对所谓的"技术奇迹"保持审慎态度。因为见过太多打着"奇门遁甲"旗号的黑箱技术，我更相信脚踏实地的渐进式创新。当我看不太清楚的时候，我还是选择观望。在这个技术迭代日新月异的时代，盲目追逐轻量级创新极易被大厂的快速迭代所颠覆，真正的创业机会往往藏在主流赛道的支流领域。

我们选择 AI 赋能中小企业的路径时，就聚焦了三个具有确定性的主航道：首先是制造业的 AI 营销需求，在产能过剩时代帮助企业打开销路；其次是全国连锁企业的规模化提效，这类客户能快速验证 AI 价值；再者是知识付费行业的体系化升级，这类业务对 AI 工具的需求明确而迫切。这些看似"苦哈哈"的领域，恰恰是需要创业者躬身入局、深耕细作的沃土。

"我们要具备'归零'的心态和终身学习的能力。未来的 AI 将是一个比你更懂你的存在。"

WAIC UP！：您多次强调，科技不只是"秀肌肉"，还要有温度，越是数字化时代，越要注重人文精神。

您为什么觉得人文这么重要，人文精神将会如何更好助力科技创新？

杜兰： 就像 iPhone 的案例深刻揭示了科技与人文融合的价值内核，乔布斯将书法美学融入 iPhone 字体设计的经典案例，完美诠释了"科技艺术化"的创新哲学。

所以，我觉得这些都是今天大家应该去关注的。我们经常说一句话叫做"AI 时代最宝贵的反而是美育和体育"。在 AI 时代，看似"软实力"的美育实则是最硬的竞争力。比如，审美能力需要从小浸润式培养，经过漫长的时间沉淀才能形成。同样像体育这种需要身体协同能力的活动，也非常强调人类精神，而这些正是当前 AI 尚未突破的领域。昨晚观看世界田联接力赛时，人类精神的震撼再现让我深刻意识到：在人工智能时代，"唯思想永恒"这句话格外发人深省。

回溯自 1956 年达特茅斯会议以来，AI 发展始终呈现出跨学科特质，既汲取计算机、数学等硬科学的养分，又融合哲学、艺术等人文社科的精髓。在这个技术爆炸的时代，单纯比拼算法和算力已远远不够，真正具有永恒价值的，恰恰是人文积淀孕育的思想深度和精神高度。

为什么人文在今天格外重要？我们看到很多学理工科的孩子暴露出一个非常大的问题——他们只注重实用主义，过度依赖工具化的思维。今天，哪怕在设计 AI 产品的时候，我们都不能仅靠工具化思维，而应该要具备一种对结果负责的能力。如果你过度注重工具化思维、实用主义的话，会缺乏对整个社会的敏锐洞察和深度思考的能力，也缺乏创造性地解决问题的能力。我觉得这也是今天我们需要去规避的，尤其在 AI 时代，千万不要认为借助工具化思维就可以实现功能的强化。

在技术大爆炸的今天，我们还看到了技术发展过快带来的很多社会问题。比如，OpenAI 的"宫斗戏"等事件暴露出的价值观冲突。我们其实希望，创造新技术的同时，要对整个社会关系有深刻的认知，在创新过程中考虑更多的社会责任、伦理价值，为技术注入温度。

所以，技术发展得越快，越需要强化人文精神。那些改变世界的科技史诗，从来不是由冰冷的参数堆砌而成的，而是源于对"关心人、懂得人、热爱人"这一朴素理念的坚守。这些最不平凡的科技，恰恰是为了服务最平凡的每个人。正如英国一位学者所提出的，所谓强有力的知识不是专业知识，而是能够联系实际来推动社会进步的知识。

所以我们才一直倡导，希望人要具备人文素养，能够把专业知识和广泛的社会知识结合起来，提高自身的综合思维能力和解决问题的能力。

WAIC UP!： 虽然您曾提到像同理心等能力，机器是没有办法学到的，但像养老、教育、医疗、法律等更注重人文关怀的领域，AI 应该如何在其中给予人类更多情感上的助力？

杜兰： 当前 AI 技术存在几个关键的人文盲区：创造力、审美能力和真正的同理心。特别是同理心这一人类特有的品质，包含两个维度——情感共鸣（感同身受的情绪反应）和认知共情（理性理解他人需求的能力）。

现有 AI 的所谓"情感能力"本质上是基于预设模型、情感计算和自然语言处理技术，通过对海量人类行为数据的模式匹配，模拟出看似共情的回应，实际上它没有过真实的情感体验。

当你说"我很累"时，AI 能通过概率统计给出符合语境的回复，却永远无法真正体会"累"的生理感受，它不能感觉到是头皮发麻还是腿脚无力。这种情感体验的缺失，正是大模型与人类智能的本质差异所在，也揭示了当前 AI 技术在理解人性方面的局限。

但未来在 AI 养老领域，这种情感陪伴类机器人一定要实现模拟人类情感的能力。具体应该怎么着手？我们可以先从计算机底层架构来看，AI 确实在信息处理方面具有天然优势：比如，能够高效分析海量老人与 AI 间的交互数据，通过模式识别提取有价值的信息，并基于逻辑推演形成反馈。

因此，我们必须清醒地认识到 AI 在情感理解方面的本质局限——情感绝非简单的数据模拟就能复现，即便是人类自身在面对复杂情感问题时也常常束手无策。所以在面对一些突发性、非标准化的情感需求，以及跨文化背景下的情绪理解差异时，AI 仍旧难以突破这些认知边界。

就像电影《她》中展现的一个令人深思的场景：当男主角发现自己是 AI 系统 6 万多个情感对象之一时，那种幻灭感揭示了人机情感连接的潜在风险。这引发我们思考：如果 AI 真的发展出拟人化的情感交互能力，其可能带来的情感引导偏差、心理伤害风险以及隐私安全问题，都将成为棘手的伦理难题。

让 AI 参与到养老、医疗、法律等这些需要人文关怀的领域，我觉得一定是未来的一个趋势，也是必须的，但是它的角色不是替代，而是辅助。

其实在养老和法律等专业服务领域，AI 正在发挥重要的辅助作用，但其角色定位需要明确界定。以养老场景为例，通过智能穿戴设备和环境传感器，AI 能实现 7×24 小时的用药提醒、慢性病管理、跌倒预警等基础监护，甚至能通过语音识别和表情分析来监测老人的情绪波动。

我们曾实施的智能监护系统就展现了这种价值：当监测到老人家中水电煤气长时间未使用而人又在屋内的异常情况时，系统会智能启动三级报警机制——依次联系老人、家属和社区护工。然而，这些技术手段终究只是工具，真正的深度沟通和情感支持仍需依赖人类护理者。

同样在法律领域，虽然 AI 律师能处理标准化咨询，但面对错综复杂的案情时，人类律师的专业判断、证据链梳理能力，特别是建立信任、有效沟通、谈判技巧等软实力，都是 AI 难以企及的。

这些案例印证了一个核心原则：AI 最适合处理标准化、重复性的工作，而需要深度共情、复杂判断和建立信任的服务环节，人类专业工作者仍不可替代。

所以，我觉得未来一定是一种人机耦合的工作状态。机器可以辅助人类更好地完成那些简单又低效的重复劳动，把人类解放出来去做更有价值的工作。因此，未来将会对人类工作的匹配产生很大的冲击，如果一些低技能人群做得还不如机器好，则将迅速被淘汰；但是如果你做得比机器更好，那么你可能会成为一个机器的管理者。而大多数处于中间状态的人，也有可能会被机器替代。

李开复老师提出过一个职业象限理论，这为我们理解

AI 时代的工作变革提供了清晰框架。该模型具有两个关键维度，即社交需求程度和工作结构化程度，并据此将职业划分为四个象限。在体力劳动领域，低社交、高结构化的工种（如流水线工人、卡车司机）将首当其冲被替代；而高社交、非结构化的岗位（如老年护理师、顶尖理发师）则因其情感交互和手眼协调的独特性形成"安全区"。脑力劳动领域同样遵循这一规律——即便如放射科医生这样的高技能职业，一旦工作流程高度结构化且社交需求低，也难逃被 AI 取代的命运，而且，目前医疗影像识别准确率已达 95% 以上。

而真正安全的职业往往兼具三个特征：强社交能力、非结构化工作模式和持续创新能力（如心理医生、教师、创意总监）。这揭示了一个本质规律：AI 时代的核心竞争力不在于从事脑力或体力劳动，而在于能否培养机器难以复制的"人性优势"——包括情感智慧、创造性思维和复杂决策能力。未来的职场赢家将是那些能将自己打造成"超级个体"的人：既精通专业领域知识，又善于运用 AI 工具，更具备审美能力、同理心等人文素养的"六边形战士"。

正如马斯洛需求层次理论，当 AI 承担重复性工作后，人类将真正转向更高层次的追求——创造性表达、决策参与和社会价值实现。这场变革的终极启示是：淘汰你的从来不是 AI，而是那些更早掌握 AI 工具的同行；真正的威胁不在于技术本身，而在于我们能否坚守并升华人之为人的核心价值。

不管技术怎样发展，人肯定都会有自己擅长的领域。在今天这个时代，我们更要强调终身学习，建立"长期主义"思维。因为在任何投资领域，特别是科技领域的项目，都不会在短期内有回报，更重要的是要怀揣着一种重构的心态。

那么在 AI 时代下，我们每个个体在成长中也一定要有归零的心态，也就是说你一定要想象自己在不断地创业，并不断重新学习这个领域的商业模式和前沿技术。你必须养成一种持续学习的习惯，然后要有一种对工作不断努力、不甘平庸的执念，把不确定性当作常态去修正我们和世界的关系，拥抱终身学习和终身成长，并使之常态化。

WAIC UP！：本期《WAIC UP!》的封面主题是"AI: The Only Way is UP!"，请您结合对这个主题的理解，

谈一谈您认为 AI 向善的终极意义和未来图景是什么。

杜兰： 马斯克对未来提出过两个极端的预测，一个预测是"AI 有 20% 的概率会导致人类文明毁灭"，另一个预测是"AI 有 80% 的可能性将引领人类进入前所未有的黄金时代"。此外他还强调，在这两个结局之间，不存在中间态。

我觉得未来的 AI 真会像水和电一样，时刻伴随着我们生命中的每一天。我设想过这样一个未来的场景——清晨醒来，我会先看一下自己的睡眠数据分析报告。与此同时，AI 会根据基因检测的结果，调配早餐的食谱以实现营养均衡摄入。因为我是一个重度音乐爱好者，AI 还会结合我的心情和状态设置我喜欢的背景音乐，我会在愉快的音乐声中享用早餐。

所以，未来的 AI 将是一个比你更懂你的存在。每个人都将会拥有更加个性化的生活方式，我们的人生道路也会越来越宽广。就像我现在特别热爱跑步，我觉得这也是和城市的一种连接。未来，AI 将让我们有更多的时间与这个世界连接和交互，这将是一种非常宝贵、非常美好的内心体验。

此外，还有一个观点也让我非常期待。去年诺贝尔化学奖得主戴米斯·哈萨比斯（Demis Hassabis）曾预言，未来 10 年内 AI 将"包治百病"。我觉得这将是 AI for Science 在研究范式上的一次重大转变，所以我一再跟身边的朋友强调，这 10 年大家一定要好好地活着，我们的企业也要好好地活着，这样我们才能遇见各种可能。

更多大咖观点，请扫描封底二维码前往线上版，观看完整视频内容。

WAIC UP》
MORE

顾磊磊 》》

上海交通大学
长聘教轨副教授、博士生导师
《谁在定义视觉未来？
顾磊磊：生物本能可能是终极算法》

WAIC UP! 按：

当算法追逐算力，他们选择向大自然"取经"；当科技竞逐宏大叙事，他们扎根视障者的痛点。从球面传感器到电子皮肤，一场"形神兼备"的感官革命正在颠覆 AI 的想象力——不靠数据堆砌，不拼算力内卷，而是让机器学会"本能反应"。当仿生眼跨越夜视、动态捕捉，甚至伦理争议，我们不禁追问：技术向善的边界，是增强人类，还是重塑人性？答案藏在上海交通大学顾磊磊教授团队发布的这套助盲设备中。

这是一款面向视障人群的可穿戴多模态视觉辅助系统，融合了智能眼镜、电子皮肤和脚底训练等单元。其中智能眼镜中的摄像头部分主要负责获取前方关键的视觉信息并进行计算。手部电子皮肤，增强侧方的信息，通过快速反馈，及时发出提醒。脚底训练单元是一个虚拟的训练环境，实现用户模拟训练和适应。整套系统围绕"以人为本"的软硬件协同创新，旨在为用户"减负"，提供更加自然舒适的使用体验。相关研究论文以"Human-centered design and fabrication of a wearable multimodal visual assistance system"为题登上 *Nature* 头条。

嘉宾简介

顾磊磊，上海交通大学计算机学院清源研究院长聘教轨副教授，博士生导师，上海人工智能实验室双聘青年研究员，上海市青年科技启明星，上海人工智能研究院领军科学家，主要从事"微纳仿生视觉系统"交叉方向研究。于 2008、2011 年在复旦大学分别获得本科及硕士学位，2016 年于香港科技大学电子与计算机工程系获博士学位并开展博士后工作，2021 年加入上海交通大学做独立 PI。在 *Nature*（唯一第一作者）、*Nature Machine Intelligence*（唯一通讯作者）等国际著名期刊上发表论文 30 余篇。成果两次被 *Nature News* 报道，代表性纳米线仿生眼工作入选 Nature Research Highlight、Nature Hot Topics、"2020 年中国半导体十大进展"以及"国际发明创新展览会金奖"等。主持国家自然科学基金面上项目、上海市启明星项目，参研 2030 脑计划科技部重大专项青年科学家项目。

一、关于科研方向
从"球形传感"到"电子皮肤"
通过"感官替代"看见更多可能

WAIC UP!： 首先请您向《WAIC UP!》的读者们介绍一下您目前的科研领域，以及最近发布的关于"可穿戴电子视觉辅助系统"的最新情况。

顾磊磊： 我们最开始是从光电到光电传感这一领域起步，进入光电传感后自然而然延伸到了计算机视觉，再到现在的"仿生眼"研究。

关于"仿生眼"的研究，我们在努力回答一个问题，即"仿生眼"和搭载 CMOS 传感器的商业相机之间有什么区别？哪些是商业相机不能做的而我们能做的？我们的终极目标是什么？

我们最终是想把"仿生眼"做成像眼睛一样，并且要达到"形神兼备"。

首先，关于"形"，也就是形状。早在 2020 年，我们就提出过关于形状的思考。我们知道相机的图像传感器都是平面的，但那时候我们就把它做成了球面，相当于实现了从二维到三维的突破，做到了与眼睛在结构上的相似。

另外，"神"就是功能上的相似。比如结构和功能的匹配，像一些感内以及近传感的神经信息处理机制，我们也希望能够学以致用，达到"算力—功耗—功能"之间的平衡。

为此，我们从生物多样性上汲取了灵感，比如有些生物擅长夜视，有些生活在比较潮湿的环境，而有些又比较擅长捕捉动态等。

我们发现，这些功能和场景实现了高度匹配，当然并不是一种眼睛就能覆盖所有的功能。所以，如果能够将这些功能和我们的应用直接匹配，反映到系统性能上，将是一个功耗非常低、响应非常快的"超级系统"。

其实，在人工智能发展的现阶段，大家都开始强调数据的作用，都觉得需要很多数据才能训练出理想的结果，但仿生或者类脑智能的研究却不大一样。

我们经常举一个例子，蜻蜓的眼睛很小，它的脑子总共才几毫克，但它是如何把身体控制得那么好的呢？我们能把无人机控制得像蜻蜓那么自如吗？其实，这正是一个非常经典的例子。我们看到这种对控制的不同，肯定是因为存在一些不同的机制。

因此，我们试图回答的核心问题是："仿生眼"系统如何区别于基于传统相机的系统。

展开来说，我们这套可穿戴电子视觉辅助系统分为三部分：第一部分是眼镜上的视觉摄像头，负责获取信息并进行计算，从中提取视觉的关键信息。第二部分就是手部电子皮肤，相当于在摄像头的基础上做了一个补充，增强一些侧面的信息，而且它的反应速度更快，可以及时发出提醒。两者共同实现人眼中心视觉和周边视觉配合的效果。第三部分是脚底的训练单元，因为要做到人机融合，如果直接在真实环境中使用，会有潜在危险，所以我们搭建了一个虚拟的训练环境。脚底鞋垫的作用就是为了记录使用者的行动，然后传给虚拟世界里的人，这时所有的计算都是在电脑里面模拟发生的。比如用户通过模拟走动，在虚拟环境里发生了碰撞，系统就会把这个信息反馈给现实中的用户，让他知道这么走会碰撞，这样反复几个周期下来，就可以让用户知道如何使用这个系统。训练完成后，就可以不再需要这部分了。系统用得多了，人脑经过强化，构建了所在环境的空间信息，就可以进一步少用甚至不用系统。就像普通人处在熟悉的环境中，无论做什么都驾轻就熟，毫不费力。

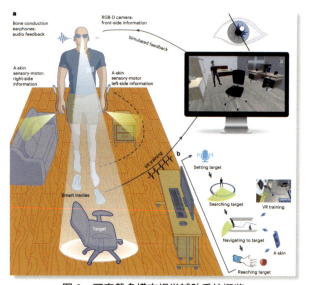

图1 可穿戴多模态视觉辅助系统概览

所以，这套系统你可以叫 AI，也可以叫交叉，其实是一回事。因为现在 AI 领域也非常"卷"了，都是在拼算法和算力。这虽然也是一个大方向，很多人都在这个方向上努力，但从另外一个方向来说，我们也在往前端资源突破，来个釜底抽薪。AI 发展到现在这个阶段，其实也在从最开始的传感器到后面的应用阶段，实现全方位升级转型。所以从这个角度上说，我们也算广义的 AI 吧。

WAIC UP！：您之前也有较长一段时间专注于基于纳米结构的仿生光电子学的研究，到如今这套"助盲"系统，请问是如何一步步找到了这样的研究方向？

顾磊磊：说到自己的方向选择，也是分了几个关键节点。从最开始的单一器件，包括光电的微纳结构材料，逐渐进化到多个器件阵列，这就和芯片联系了起来，再到 2020 年开始涉及与 AI 的结合。当然，这些关键节点的选择得益于自己的兴趣，但也离不开前辈大佬在关键节点的助推，不然，自己大概率只会走向电子方面的研究。

这里要特别感谢汤晓鸥老师，在计算机视觉方面深耕多年的他，靠他敏锐的直觉洞察到这方面的研究和硬件相关，然后就联系到了我的博士生导师范智勇老师。在大家的推动下，加上我本身也乐于看到从器件到系统，从各种曲线到实际功能的进化，就阴差阳错地来到了这个领域。

虽然现在大家看到的是"助盲"这个方向，其实我们并不限制在此，对我们来说这是一个很好的应用场景。现在大家都很关注应用，像自动驾驶那些非常宏大的场景，这对小团队来说可能很难作出大的贡献。但像人机交互这种相对灵活的方向，我们可能会更加游刃有余。之前我们更聚焦于设计制造具体器件，现在有了 AI，就像一根绳子把所有的器件串了起来，自然而然就变成一个系统。针对系统方面的设计，我们就围绕着"人"（视障人群）的需求，从算法、软硬件等进行一系列的设计。

所以，我们看起来好像在打造一个助盲产品，其实并不完全是，我们很大程度是要打造一个开放平台，基于助盲这个场景的开放平台。现在我们只是让系统成型了，具备了一定的功能。面向未来，如果有了新的器件、算法、芯片等单元，我们希望可以实现更加自主性的迭代，这是我们的目标。

WAIC UP！：关于"穿戴式"和"植入式"仿生眼，这两个系统在研究方向上有什么异同之处？近几年 AI

133

的发展，是否让您看到了智能穿戴设备的更多可能？

顾磊磊： 这几年包括科研界还有产业界，大家都比较关注脑机接口。所以，目前关于脑机接口的研究，有很大一部分工作都围绕"识别""修复""植入式"等方向展开。

我们最开始也结合这个方向进行了些探讨，也做了一些初步研究，最终觉得人体植入会涉及很多医学问题。例如，人体实验需从啮齿类动物逐步推进到中大型动物，再到非人灵长类动物，最终到人类，这一过程必须严谨且漫长。

而且对这种植入式系统来说，它的功能性反而是排第二位的，第一是安全，是生物相容性。所以这个条件也限制了很多信息设计方面的发挥空间。

因此，就我个人来看，像植入式脑机接口，包括植入式芯片，目前面临的主要问题不是在前端的芯片设计上，更多的是在神经学上看不清楚的这些部分。"脑计划"是个非常宏大的领域，有人说把"脑"搞清楚，要比把整个宇宙搞清楚都难。

总之，这个方向大家还是在不停地努力中。但不可否认，它确实是一个从根本上恢复人视觉的解决方案。只不过从它现在的发展状态来看，功能上其实还比较有限，还没有很强大，只能帮助视障人士恢复一些光感，看一些简单的形状，仅此而已。所以从实用角度来说，穿戴式会更快一些。

对于助盲这一场景，什么是刚需？这是我们设计这套穿戴式系统的起点。经过广泛的调研，我们最终大致弄懂了视障人群的需求，并聚焦三大基础任务：第一步是如何让使用者接收到光感，就是说前面有没有物体挡住；第二步是如何分辨这个物体，其实就是感受到一个大概的轮廓形状；第三步是分辨物体是不是动态的。实现这三步就能够帮助视障人群解决生活中很大一部分问题。

AI 在这里面发挥了很大的作用。举个例子，比如说关于"感官替代"这个概念，其实是在 1949 年一位德国医生提出来的，那时候还没有 AI。那时的系统会将看到的图像，把图像的明暗度从左到右地扫描出来，然后再靠音调的高低把颜色表达出来。我们想一下，如果看一幅图，面对如此多的信息量，脑子肯定反应不过来，很快就过载了。因此，当时仅仅完成了一个初步的 demo 展示，后续的研究工作便难以持续推进。

现在有了 AI，就可以将很大一部分计算工作交给它去做，这就像一个体外循环，系统通过外部计算处理信息后反馈至用户，这样用户使用起来会变得更加容易。

所以 AI 的推动还是非常大的，因为环境中的视觉信息有很多，如何把这个最关键信息提取出来，然后再尽可能输入到大脑里去，而且还要注意这个输入方式是不是符合脑认知的过程，这部分与生物认知过程越一致，大脑越容易识别，使用起来也就越轻松。终极目标就是使人体像调用自身器官一样，去调用外部系统。所以，除了 AI 在这里发挥了很大的作用外，脑科学的研究也在这里发挥着不可或缺的作用。

二、关于技术路径
注重人机融合体验，让功能还原生物本能，追求"减法哲学"的极致创新

WAIC UP!： 关于这次发表的成果，我们也发现有很多类似解决视障问题的产品和方案，可否以普通人比

较好理解的方式，为我们科普一下它的独特之处？

顾磊磊： 我们看到，现在很多的可穿戴助盲设备都是基于"智能眼镜"去开发的，比如输入端是摄像头，输出端是一个含在舌头上的感应片，整体感觉会很奇怪。

为什么要放在舌头里边？可能是因为舌头足够灵敏，环境也更稳定，更容易识别不同信息的反馈区别。

此外，还有另外一种输出方式，就是把视觉信息转化成语音。这就像车载卫星定位导航系统一样，虽然使用起来没问题，但是因为视觉信息太多了，脑子很快就会过载。因为只靠语音描述是不够及时的，听完再反应过来也需要几秒钟。

因此，我们在设计系统的时候，一个主要的对标对象就是如何把我们这台系统跟车载卫星定位导航系统区别开，其实就是把人和车区别开，这是我们花了很大力气在做的事情。

我们也做了大量测试，比如声音部分，到底怎样描述

会让人反应更快更准。还有视觉部分，要实现关键信息的跨场景适配，不能只在训练环境里可用，换个环境还要重新训练。

在关键信息上，我们一直是试图做减法的，就是回到"视障人群到底需要什么"这个维度去思考。

比如说到声音，到底什么样的语音描述是人最容易接受和便于处理的？我们设计的实验非常简单，就是让人去不同方向找东西，对机器人来说，我只要告诉它左转 30 度，它就能很好地执行。但对人来说，我告诉他左转 30 度，很难保证他不会转偏。

还有比如设计车载卫星定位导航系统的时候，我们通过在地图上规划一条路线，然后沿着这条路线走过去，如果偏离了，它会提醒我走回来，这对机器人是没问题的，但对人来说就很难做到。所以我们在设计的时候就避免了全局地图的问题，只需要输出向左走还是向右走的实时信息即可。通过这样比较大的灵活度设置，来实现跨场景应用。这些都是我们的初步想法，如何根据人本身的认知和行为过程，去设计匹配的 AI 算法，来实现更好的人机融合，这是个任重道远的事情。

除了眼镜这部分，我们也辅助搭配了一些其他的系统。眼镜主要用来区分前方几十度视野的观察范围。为了增加安全感，我们希望扩大观察范围，但是旁边的观察范围又是相似的，信息又比较次要，我只要知道是否安全就行。

其实这也和人本身的视觉系统的功能很相似，因为人眼球真正分析细节的地方，只有中间黄斑区那一小块，大概十几度观察角的范围。此外的很大一部分，像 200 多度的观察范围都是用来监测的，比如是不是有感兴趣的东西或者有没有危险等。

人眼的视觉信息并不是完全平均的，不像相机，所有地方的分辨率都一样。因此，眼镜部分就相当于人眼球的黄斑区，负责观察前面几十度的范围。而双手上的电子皮肤，负责一些简单的监测，它不需要很多计算，只需确保身体左右更大范围内是否有危险，以增加安全感。

之所以做这两套系统，也是希望能够分清主次信息，如果信息太多，人反应不过来，大脑还是会过载。因此，这也涉及多模态的领域。如何做到信息杂而不乱，是很关键也很有挑战性的问题。

电子皮肤这套系统的特点就是反应快、信息简单。让信息足够地简单粗暴，这其实也是我们设计的一个目的。当然，电子皮肤的这套系统也可以个性化选择，假如我在熟悉的环境或者安全感足够了，又或者处在比较宽敞的环境中，就可以不用佩戴。但假如要穿过一个走廊，或者一个具有很多障碍物的地方，

就需要佩戴，来增加安全感，其实这也是现在讲求Personalization（个性化）的一部分。

WAIC UP!： 前面您提到现在聚焦的三大任务。那么，尤其关于动态识别这部分，对于突然出现的障碍，我们目前的技术是怎么具体解决这些问题的？

顾磊磊： 这其实是一个非常实际的问题，一个非常有意思的问题。这里我们考虑的是生物的响应速度，其实生物智能它也是在不停地作抉择、作平衡的。当发现有个东西突然向我冲过来时，这时候我不管它是什么，下意识先躲开再说，这更像一种本能反应。所以，对于我们这套系统来说，这时候就要减少各种AI分析，先提醒躲开再说，躲开以后再分析到底是什么东西。

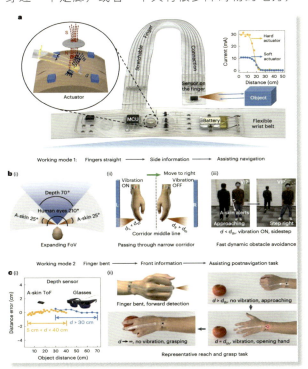

图2　用于高效触觉反馈的人造皮肤感觉运动器

其实在视觉芯片领域，现在也是在做类似的事情。同一个信号进来会有不同的处理路径，也就是分层次处理。这其实和现在的纯AI处理不同，纯AI处理是先把所有信息收集起来，至少要把所有数据处理一遍，甚至为了验证准确性，需要处理两遍。

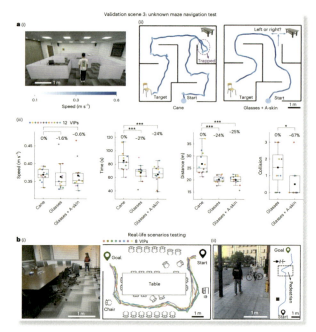

图 3　真实世界环境测试

也就是说，不管进行了多复杂的计算，我们只需要输出一个简单的结论，但这就要求 AI 对信息的理解要更准。

另外关于大脑处理的部分，我们当然是希望可以了解整个脑回路的过程，但这方面的认知是比较复杂的，对我们来说会有更多的限制。

此外，从商业角度来说，我们还要考虑更多舒适度的问题，也就是说在人机界面上还是有很多值得优化的空间。比如说在运动或出汗时，是否就不愿佩戴了？除语音描述外，是否有更好的刺激方式？除振动反馈外，什么样的刺激更容易被人接受？这些都是现在的瓶颈。

这就像左边这个池子很大，右边的池子也很大，但中间传输通道比较窄，这是一个很大的限制。这些也是后续需要我们更多关注的问题，是需要重点攻克的方向。

具体在 AI 技术布局方面，这也是一个逐渐上路的过程。我们现阶段更多是在选择，不会一味追求更快的速度，

但我们现在所做的方向，需要硬件响应是比较快的，我们希望再往前推，比如传感器本身就能对动态尤其敏感，在传感器端就可以作出选择。

WAIC UP!：在这次研究过程中，您认为遇到最大的难题是什么？目前它的技术难点又是什么？

顾磊磊：首先是视觉端，我们希望能够对环境信息的理解足够准确。因为理解越准，输出的信息就越简洁。

更高的算力，算力永远都不会够的。但是后续可能会有针对性地优化一些算法，如信息压缩以及定制专用芯片等长远的规划。

往大了说，这是一个关于边缘计算、人机融合的故事，和脑机接口也有一些关系。之前在世界人工智能大会上，有位诺贝尔奖得主说，他认为现在的 AI 和生物智能的基本原理是不一样的，他不太相信世界上要有两套智能系统，他相信两套系统底层一定是互通的。我很认同这个观点，也许我们了解的还不够底层，如果真的把基本原理搞清楚了，就真正实现了 AI 和 BI（Biological Intelligence）的融合。

WAIC UP！：您曾谈道，希望未来这套系统是个性化的，可以基于 AI 算法的优化来实现"量身定做"。请问，怎么从技术角度来理解"个性化"和"量身定做"？在上述目标实现之后，您计划下一步将开展哪方面的工作？

顾磊磊：对于个性化这部分来说，因为每个人心里的安全感是不一样的，也许有些人平时就小心谨慎，也有些人大步流星。所以，我们希望未来的系统可以有

一些等级的选择，比如激进一些的或者保守一些的模式。简单来说像一个分级测试，我们更希望这套系统就像手机一样越用越熟，未来这套系统也可以和个人习惯融合在一起，这是终极目标。

至于下一步工作，我们还会继续围绕着现有的方向不断深入和优化。现在都强调"护城河"，当技术越深厚，其实也就是护城河越深，我们希望未来在应用端可以成为一个非常典型的场景。

此外，我们还作了一个功能的集成，在不增加硬件的基础上，实现了抓取的指引，通过手部的测距，反馈对准，提醒抓取。前面提到人和车载卫星定位导航系统的区别，因为导航系统从 a 点到 b 点就结束了，但是对人来说，从 a 点到 b 点并不是终极目标，我们需

图 4 "神经学畸形小人"模型，左图为触觉模型，右图为运动模型

要到特定地点完成特定的事。我们基于神经学原理，对电子皮肤的结构和布置位置进行了优化设计。以指尖为例，这个区域在感知和运动控制方面都具有高度敏感性，因此相关动作设计需要格外精密。从神经学角度看，指尖控制会占据大脑相当大的神经资源，这反映在"畸形小人"模型中表现为手指控制区占据异常大的比例。基于这一特点，我们应当尽量避免在动作频繁且精细度要求高的区域布置电子器件，以最大限度减少对手部自然运动控制的干扰。

对于当前系统，我们在触觉和听觉方面的优化还很浅薄，如果后面有可能，也可以集成一些触觉和听觉的增强传感器，本来甚至无须直接接触就能大致感知物体的属性。此外，我们还期待实现系统级的优化设计，因为这也是我们和很多独立眼镜系统的重要区别之一。

三、关于人文理念与创新思维
从刚需出发，回归科研本心，
找到一条更有意义的、更长久的路

WAIC UP!： 在这次系统的介绍中，您多次强调以人为本的设计理念，可否举例说明有哪方面的设计特别

凸显了这样的理念，以及是否受制于当前的技术？还有哪些值得优化改善的方面？

顾磊磊： 以人为本是一个很大的词，其实我们最开始关注更多的是把人和车区别开。此外就是解决负担"重"的问题，包括两个方面：一个是物理意义上的重，另一个是认知上的重，不要让大脑在使用过程中太累，最终的结果就是带来自然舒适的体验。

目前，对于这套系统来说，我们一直不太满意的就是摄像头。所以我们觉得隐形眼镜其实是个很好的载体，但现在只实现了一些简单的功能，比如眼压监测、眼动监测，而像分辨率成像以及大规模稳定的数据传输都会比较困难，需要花费很大努力去推动。

总之，我们就是为了尽量去除这些视障人群标志化的东西，实现外接系统不可视化，让它看起来像正常人一样。这样在心理上会更容易接受，进而更愿意出门。

WAIC UP!： 目前，这套系统具有了如夜视、红外感知等这些超越人类视觉能力的部分，这会不会已经改变了我们对"人类感官"的定义？

顾磊磊： 我认为这还是一个"是否为刚需"的问题，我们是否需要增强视觉，是不是需要看到红外线、紫外线？我想，如果没有代价的话，当然愿意增强视觉，但是每个事情都是有代价的，所以到底是不是刚需，这是一个很重要的事情。我们认为目前有两个领域比较刚需：一个是视障等特殊人群领域，另外一个是军事侦察等特殊任务领域。

此外，这还涉及伦理问题。如果一个正常人戴着摄像头，就算没有法律法规方面的要求，也没有人愿意和这样的人说话。但视障人群特殊，大家对他们的宽容度可能会高一些。

WAIC UP!： 我们看到您之前也参与了一些类似"创新思维训练营"的活动，在看似"商业化科研"盛行的今天，如何在商业思维和科研思维之间寻找平衡，找到一条合适的创新之路？

顾磊磊： 为什么大家这么关注"智能眼镜"？就是因为普通人多，面向大众，即便只有 10% 的人接受这个方向，数量依然是巨大的，相当于在宏观上真的推动了社会进步。但对我们来说，我们就相当于在推动那些被社会进步落下的人，这也是有意义的。

有些人考虑得更整体，有些人考虑得更局部，我觉得这就是科研的意义，需要不同的人来做不同的事情。所以，也很难说是不是商业化科研。这个词听起来就像一个贬义词，可能大家初心不一样，需要一些人去做宏大的事情，也需要一部分人做一些细小的事情。我觉得还是要看真正的出发点——只要本心对，做什么事情都对的；本心不对，什么都不对。

所以，助盲系统的市场小，是相对于正常人的市场来说，但对这部分视障人群来说是刚需，绝对数量算起来其实也并不小。反观我们一直在说的"智能眼镜"，推出好多年了一直不温不火，我觉得一个重要的原因可能是没找到刚需点，正常人配戴它获得了部分 AI 的功能，却牺牲了原本的一些 BI 功能，性价比低，甚至得不偿失。

WAIC UP!： 您认为 AI 在创新科研上会带来哪些帮助？您觉得目前在这方面还面临哪些问题？

顾磊磊： 我个人对 AI 的理解就是一个关键词——"高

通量"。AI 可以自动进行各种高通量复杂的设计，并快速输出结果。

但其中，数据确实是难点，尤其是一些专业领域的数据。一是数据不够，二是数据保护。这些数据不是开放的，打通是比较难的，毕竟没有数据就没有 AI。

所以，不可否认，AI 确实在很多领域开始发挥越来越大的作用。但一些特定领域，涉及专利保护，数据都是核心机密，所以这方面的发展应用就会比较慢一些。

WAIC UP！：最后，请您结合《WAIC UP！》第三期主题"AI: The Only Way is UP！"，谈一谈 AI 向善的终极意义和未来图景是什么。

顾磊磊：这是个很大的问题，我只能谈谈我一个行外人的浅薄观点。我觉得这个其实也是 AI 相关从业者都在思考的一个问题——AI 到底能干什么？

现在的感觉就是什么都能干，什么都能干的问题就是什么都不能干。我个人感觉这还是一个"挖掘哪里是刚需"的问题，自动驾驶就是个很好、很具体的刚需场景。

比如对于一个正常人来说，家庭机器人是不是刚需？我需不需要一个保姆机器人帮我扫地看家？因为人总会变得越来越懒，这是天性。机器人在家里越干越多，人最后可能就退化成什么都干不了。到那时，机器人为什么还要听你的？

我个人觉得在正常人的生活上，还是不要让机器人介入过多，当然，对于老年人或残障人士，可以去介入。除此之外，应该让机器人去解决一些更专业的事情，比如更危险的场景，上天入地、辐射威胁、抢险救灾这类事情是更有意义的，这肯定也是更值得让它去做的。并且要定义一些具体的场景，像矿山、瓦斯爆炸现场、电线除冰、高楼清洁等类似的极端环境或救援救助的场景，如果能把这些更务实的场景做好，意义会非常大。

其实现在 AI 在很多方面各方争议都很大，包括人形机器人为什么要做成人形？为了实现这个人形，尤其在走稳这件事情上就花了很大的资源，如果换成两个轮子又有什么问题？但就感觉类似这种问题，我们还是得从哪里是刚需去谈，而不是说两条腿看起来比轮子更酷，你可以这么去说，但终归要找到一个落地点。我为什么要花这么大精力去做两条腿？一定要找出一个原因来。

我觉得 AI 面临的其实还是一个落地场景的问题，只靠酷炫是很难支撑长久的。所以在早期，大家应该更加具体一点，但是资本可能不太喜欢这些事情。因为这里有些属于传统行业，可能热点不多，资本可能更加喜欢讲宏大的故事，推动社会进步。比如通过展示家庭机器人可以替我干很多事，以此给人更直观的感受。但如果人什么都不干，那生活的意义又是什么？这好像是一个不怎么闭环的问题。

AI 现在变得越来越像一个工具，因此需要更加深入地与落地场景相结合，避免像万花筒一样。现在，我们的目标看似是把机器人搞得像人一样，也可以看作是一个加强版的人类，那机器人为何要听从你这个一无所长、毫无能力的人类指挥？

所以，我们的机器人固然不错，但到底该让机器人去

干什么，这个是非常重要的。只有找到了场景才能长久，不然可能热点过去也就消失了。当然，再次强调，这些观点只是一个外行的浅薄意见，抛砖引玉，能引起一些讨论和思考，已经是万幸了。

【特别鸣谢】

顾磊磊：本次研究得以实现，得益于跨学科力量的深度协同：感谢汤晓鸥教授作为学术引路人，为我叩开人工智能世界的大门，我对他的不幸离世表示深深的悼念；感谢香港科技大学在系统架构设计、华东师范大学在电路调试、复旦大学在脑认知方面提供了关键技术突破；感谢上海人工智能实验室在算法、算力、基础设施方面为研究注入底层动能，感谢上海人工智能研究院在各方面的强有力支持，并特别感谢"脑计划 2030"、上海科技创新启明星计划、国家自然科学基金以及商汤科技的持续赋能和在项目基金上的支持与产业联动。正是多方资源的战略耦合，共同构筑了这次研究的坚实底座，我们才在路上。再次致谢！

WAIC UP》
MORE

宿新宝 》》

华东建筑设计研究院有限公司
副总经理、副总建筑师

《从"青砖弹痕"到"AI审图"：
一位建筑侦探眼中的技术与人文本真》

WAIC UP! 按：

当 AI 能生成形态各异的建筑，精准计算建筑的每一根梁柱，设计的灵魂该何处安放？城市更新设计专家宿新宝揭开行业真相：当技术能解决 70% 的工程难题，那剩下的 30% 才是建筑的永恒价值——那些砖缝里的战争记忆、空间中的文化基因，它们是唯有人类才能赋予的"生命力"。

更值得深思的是，当 AI 极大提升生产效率后，为何现代社会反而出现"物质过剩却时间匮乏"的悖论？宿新宝将问题指向社会分配机制，呼吁建立让技术红利普惠大众的新契约。或许，真正的进步不在于建筑能盖多高，而在于它能否让每个人找回 9000 年前岩画创作者那般纯粹的表达自由——而这才是"AI 向善"的终极意义。

![WAIC UP MORE]

嘉宾简介

宿新宝，华东建筑设计研究院有限公司副总经理、副总建筑师，正高级工程师、一级注册建筑师，荣获"东方英才拔尖人才"和"上海市杰出中青年建筑师"称号，兼任中国建筑学会建筑改造和城市更新专委会副主任委员，上海市建筑学会历史建筑保护专委会副主任委员，黄浦区外滩街道社区规划师等社会职务。

主要从事城市更新与历史建筑保护再利用的设计与研究工作，秉承"整旧如故、与古为新、量体裁衣、有限干预"的设计理念，代表作品有：上生·新所、世界会客厅、怡和纱厂旧址城市更新，科学会堂、东亚银行、卜内门洋行、雷士德工学院、雷士德医学院、爱神花园、宝庆路3号、虹桥老宅、正太饭店、外滩16号等保护再利用工程，玉佛禅寺修缮扩建，龙华塔、上海展览中心和圣三一堂保养维护工程等。牵头完成围绕城市更新、历史建筑保护的课题三十余项，出版专著《西风东渐中的上海营造》等。设计和科研成果荣获RICS、RIBA、亚建协，以及国家和省市级设计与科研奖项二十余项。

"历史建筑保护就像'侦探游戏'，城市更新就像'旧瓶与新酒'。"

WAIC UP！： 建筑是一个很庞大的学科体系，一路走来，您是如何对建筑遗产保护和城市更新逐步产生兴趣的？它的魅力是什么？可否结合一些案例为我们科普一下您在具体项目应用中体现的一些价值理念和研究方向？

宿新宝： 建筑学是一门融合技术与艺术的魅力学科。在五年制的建筑学本科系统学习中，我逐渐对建筑历史产生了兴趣，尤其是那些需要像考古学家一样，通过文献考证和现场勘察来还原其貌的过程。

我从小就喜欢看一些历史和考古类的书籍、电视剧和电影，这里面涵盖了很多文献考证、现场发掘的情节。这些经历也进一步激发了我对历史和历史建筑的兴趣，进而转化为现在的工作——历史建筑保护。

在我读书的时候，国内的新建筑就已经很多了，那个时候我就已经开始关注历史建筑如何保护和活化利用的问题。随着城市的发展以及物质空间的满足，人们逐渐开始关心那些老建筑有没有可能不拆掉？如何更好地保护利用？

在学习和实践的过程中，我发现历史建筑保护工作就像侦探游戏一样，其中有很多有趣的环节。我们一方面要从文献中挖掘建筑当年的历史信息和人文风貌，历史研究往往是宏观视野下的微观寻觅，时而顺藤摸瓜，时而"众里寻他千百度，蓦然回首，那人却在灯火阑珊处"；另一方面，要从现场拨开墙面上的抹灰，打开尘封的记忆，去寻找建筑原来的特征。这些过程就非常像考古或者侦探小说的情节一样，通过文献和现场中的蛛丝马迹发现很多信息，这是其他严谨的理工科工作所没有的探索乐趣。

在这份工作中，我也逐渐发现了其深远的社会价值和时代意义，这种使命感与成就感形成了持续的正向反馈，激励我深耕于此领域 10 余年。随着多个作品陆续获得社会各界的认可，我更坚定了要以系统化思维和精益求精的态度，不断投入研究、完善细节，为行业发展和社会进步贡献更多力量。

其中，去年完成的杨树浦路 670 号怡和纱厂旧址项目就颇具代表性。这个项目共有六栋房子，我们通过历史照片发现，它过去是清水砖墙的立面，但现场看，表面却有水泥抹灰，清除水泥抹灰层后发现，原来的清水砖墙依然存在。所以我们的整体设计策略就是把表面的抹灰全部手工剥除，将清水砖墙修缮后展示出来。这是我们根据历史资料作出的推断，并且也按这个思路去进行了相应的修缮。

但是在剥除掉其中一栋房子的外墙水泥之后，出现了意想不到的一幕。这栋房子绝大多数立面都是红色的清水砖墙，唯独有大约 1/4 的北立面是用青砖砌筑的，外观看非常不协调，位置也比较醒目。这就让我们产

图1 杨树浦路 670 号仓库修缮后（摄影：SFAP）

生了疑问，常规盖房子不会在使用红砖之后没有规律地再使用青砖。

因此我们继续查阅资料，了解到这栋房子所在的杨树浦区域，在刚解放后的一段时间一直遭受国民党飞机的轰炸，因为这里是杨树浦发电厂、杨树浦水厂等上海市政工业设施的聚集地。飞机轰炸的目的是打乱我们解放初期的基本能源供给。

根据史料记载，1950—1951 年间该区域曾多次遭遇轰炸，虽然过往记录多聚焦于杨树浦发电厂，但事实上，怡和纱厂同样未能幸免于战火。所以我们现在看到的青砖修复痕迹，正是 1951 年遭国民党飞机轰炸后，在当时物资极度匮乏的条件下，工厂自力更生，艰苦奋斗，就地取材进行应急修复后的结果，这确保了生产设施的快速恢复运转。

所以，我们保持了青砖补砌的痕迹，并在现场做了铭牌标识，来把这个历史事件讲述出来，让更多人了解到这段历史背后的精神。类似这样的发掘过程充满了侦探破案般的成就感，也让历史建筑的意义和价值能更好地展示出来。

图2　杨树浦路 670 号仓库墙面剥除水泥和修缮展示
（摄影：SFAP）

WAIC UP！：城市更新涉及多学科融合——社会学科、经济学科、人文学科，您觉得在这些专业知识体系中，哪部分最重要？

宿新宝：城市更新已经远远超过了我们传统意义上建筑学的学科内容，它是一个更加综合性的领域。建筑学的原有要义在于用形体创造空间，并赋予空间功能属性。但在如今的城市更新领域里，无论是室外空间还是室内空间，原本的空间已经存在，那么我们之所以还要进行城市更新，是因为它的业态、功能、人，以及当下的空间已经不再符合现代社会的需求和人们对它的期望。

在城市更新这个领域，我们首先要解决的问题是：我们究竟该赋予它什么新业态以及它服务于什么人。这就好比"旧瓶和新酒"的关系，瓶子（建筑）还是那个瓶子，但是究竟放什么酒（新功能）？并且根据酒的差异，瓶子要如何变化？

因此，所有城市更新的起点都是对整个片区的总体定位、规划和现状认知，有了这些再去匹配针对新功能和新环境的空间，才会使得后面的运营状态和空间相得益彰。

具体来说，我们将这一系列系统性的调研评估工作统称为"城市体检"。这项工作主要包含两个核心维度：一是业态和需求分析，通过深入调研片区的功能业态和人群需求，精准识别当前业态存在的问题，并分析现有空间环境与新需求之间的差距；二是建筑评估，从空间利用可能性到实体结构安全（包括承重结构、耐火等级等关键技术指标）进行全面诊断，为后续的更新改造提供科学依据。这种双管齐下的诊断方式，既关注城市功能的完善，又确保建筑本体的安全，形成了一套完整的城市更新评估体系。

关于这项工作，我自己坚持的是"量体裁衣"原则。我们既不能单纯为了功能而完全对现有建筑不管不顾，那就是"削足适履"；也不能对新需求置若罔闻，导致建筑远离当代生活。在这两者之间要寻求一种平衡的智慧，才可以通过更新使片区、建筑保持活力。

以"上生·新所"这个项目为例，它从三个方面体现了城市更新的特点。首先是业态定位上，我们通过调研发现，它的周边全都是居民区。这样的情况就说明，它必须要考虑服务周边居民，同时自身还要具有产生消费群体的能力，单纯依靠周边居民无法维系这样的消费体量，所以在这里必须要配套一定量的办公区域。

第二个特点是地块，因为周边的公共交通并不方便，远离地铁站，昭示性和公共可达性并不理想。因此，

图 3 上生·新所鸟瞰（摄影：SFAP）

自身必须要营造大 IP 和丰富内容才能吸引人并维持可持续运转。

第三个特点是街区，在上海高楼大厦不稀缺，稀缺的是环境良好的漫步街区空间，所以在这里一定要打造好景观绿化等室外空间环境，要让人们觉得在这里工作不是贪图如陆家嘴高档写字楼那样的方便，而是想

让办公和消费环境更轻松、更 chic，获得更多的情绪价值。

所以在项目完成后，我们发现底层空间展现出惊人的亲和力——人们更愿意在此漫步、停留，甚至坐下来喝一杯。灵活的办公空间设计，让工作者可以自由选择，比如在楼上办公室内工作或在充满活力的底层惬意空间中工作。

此外，这个项目之所以能成为一个大 IP，也得益于它丰富的历史，比如像原有的哥伦比亚乡村俱乐部、孙科住宅等，这些在一期项目时就成为一个个曝光点，所以当时也吸引了上海的第一家茑屋书店。至 2018 年一期竣工的时候，大家看到的几乎都是在宣传点上的茑屋书店、泳池和孙科住宅；但是到 2024 年二期全部完工以后，大家更多关注的就是整个街区了，包括街区给人的舒适感受，大家已经忘记了建筑的边界，只觉得在这里很舒服。

图 5　上生・新所泳池（摄影：SFAP）

图 4　孙科住宅（摄影：许一凡）

图 6　上生・新所二期（摄影：SFAP）

151

正是街区内建筑、空间和业态的多样性带来了如此广泛的受众群体，满足了不同人群的需求，为整个 IP 的打造提供了更多可能性，这也是如果重造一个新街区所没有的特色。

> **"面对'AI幻觉'，需保持谨慎态度。建筑师的理念应当'百花齐放'。"**

WAIC UP!： 是什么契机让您开始关注到人工智能这一领域的，您使用 AI 后的感受如何？

宿新宝： 目前我们在用的 AI 软件主要还是两类，一类是文字编辑和生成的软件，另一类是图像生成软件。

在使用文字生成相关的这类软件时，对于我个人来说这更像是升级版的搜索引擎。当我需要对一些内容进行搜索和评价的时候，我才会使用它，但是因为目前"AI 幻觉"之类的问题，所以我在使用上还是比较谨慎的。我可以把它作为一个辅助工具，但还是要去相应地判断和校核。

对于图像生成方面，我们会在做一些方案模拟时，利用 AI 去生成不同的二维图片效果，甚至在做一些短动

画视频时，显著提升制作效率，但是到目前为止也都只是当作一种辅助工具。

除了上述方面，我也听说，一些企业也在尝试和推广"AI审图"这类应用，它主要解决的是那些重复的、要求并不是很高的，又要花比较大精力的这类工作。但是在校审和决策层面，还是要交给有经验的建筑师去选择和判断。

此外，像现在的学术检索工具已经能通过智能关联提供海量结果，但这反而让研究者面临信息过载的困境。传统检索虽然效率低但结果可控，而智能检索虽然全面却让人难以消化。我觉得这倒正是 AI 可以大显身手的地方——未来它也许可以基于同行评价、内容分析等维度，自动筛选出最有价值的研究成果，精准提取核心观点，并按研究者需求进行个性化推荐。这样的"智能学术助手"不仅能帮我们节省时间，更能从海量信息中打捞出真正重要的研究资料，让学者把有限的精力集中在创新思考上。虽然这类工具可能已经存在，但如何用好它们仍是我们需要探索的新课题。

WAIC UP!： 您曾提过要思考人类设计师的不可替代

性究竟在哪里。您找到答案了吗？您认为人工智能在可预见的未来能承担起建筑设计师的核心职责吗？

宿新宝：我们要从两个方面来看待这个问题，一个方面是工程类内容。现在来看，AI 是可以替代很多注重推演性、逻辑性的理性工作的，因为 AI 可以用算法更好地模拟逻辑推导，比如说平面布局的逻辑性、流线的最经济性、使用功能的合理性等。但是建筑师还是要能够充分地认知和把控这些内容，以便对 AI 的推断结果进行选择。

第二个就是艺术层面，我们看到现在有很多 AIGC 的作品，AI 可以瞬间生成一张梵高、毕加索、宫崎骏风格的作品，但我觉得这些产品可能都缺少了生命力，只是一种生硬的模仿。这是由于它缺少了人的创造和诠释，以及其他与人有关的背景故事，自然也就难以被赋予深刻的价值意义，这些恰恰也是 AI 在一段时间内都难以做到的。

所以，我认为未来很可能 70% 的工程类问题都可以通过 AI 来解决，比如设计出最经济的流线、最合理的功能布局、最好的采光通风等，但是方案是交由人类设计师基于自身经验和人文背景来最终选择的。此外，一件经典的作品绝对离不开人类设计师的解读和表达，这将基于他自身的经历、价值判断和对艺术的理解，来赋予建筑文化属性和艺术属性。

总结来说，未来一件作品中 70% 的技术由 AI 完成，30% 的技术选择由人来决定，但对这个作品的诠释、演绎和推广几乎 100% 交由人来完成。

因此，未来在建筑师的培养方面，基础性的人文与艺术素养一定不可或缺。他必须得懂工程，不能被 AI 欺骗，同时还得懂文化和艺术，要能对建筑作品进行解读并赋予意义。

回看我们国家在建筑标准方面的发展，它经历了从"实用为主，兼顾美观"到"安全第一，兼顾实用美观"，再到如今强调"绿色低碳"的演变过程。这些要求中，安全性、实用性和可持续性本质上都是可以通过数据量化推演的技术问题，而形态与人的感受则是唯一涉及艺术审美和文化内涵的感性要素。

目前，常规的建筑项目技术性指标约占建筑评价体系的 70%~75%，而美观与人文性指标占 25%~30%。但随着 AI 技术的快速发展，未来结构安全、经济性和环保性能等技术指标都可以交由 AI 精准计算和优化，其效率可能远超人工评估。这意味着建筑设计的价值重心必将转向 AI 难以替代的人文艺术维度——当技术问题都能被完美解决时，真正决定建筑价值的将是其承载的文化底蕴、艺术表达和情感共鸣。

WAIC UP!：您曾提到过，历保院的独特之处在于其历史和文化传承的特色，而非绿色低碳或数字化等技术手段。您怎么看待当下 AI 席卷千行百业的趋势，尤其是在建筑行业，未来如何平衡技术与人文的关系？

宿新宝：我觉得是建筑师的价值取向决定了他们的设计方向。有些建筑师追求技术创新和个人风格的极致表达，而另一些则更注重建筑与在地文化、历史文脉的传承关系。他们关注建筑如何融入场地环境，如何延续地方文化基因。我就属于后者，专注于历史建筑保护更新。但无论是纯粹的保护派，还是在新建筑中融入历史元素的设计师，我们都认同历史文化赋予建筑的独特价值。

在 AI 时代，当技术能生成无数备选方案时，选择标准恰恰体现了建筑师的价值观。我会选择那些具有强烈在地性的设计，我觉得这些建筑不仅属于特定地域，更能与周边环境形成"祖孙"般的代际传承关系。当然，也有建筑师会选择展现个人风格和时代野心的方案。这没有对错之分，只是不同价值取向的自然呈现。

在新技术的取舍上，我觉得也是因人而异的。就我目前的工作状态和能力认知而言，技术始终是辅助工具。我的设计初心和目标始终是明确的，新技术只是锦上添花的助力。当技术方案与我的设计理念冲突时，我会毫不犹豫地选择坚持初衷。当然，也有建筑师以数字生成等技术为核心，或是将"炫技"作为设计亮点。这只是工作方式的不同：有人以技术驱动设计，而我则用技术实现设计。无所谓孰优孰劣，就像建筑本身需要多样性一样，每位建筑师都该坚持自己的工作方式。重要的是清楚自己想要什么，并为之坚持。

此外，作为历史建筑的研究者，我还特别珍视纸媒的史料价值。上周参加《时代建筑》40 周年活动时，我作为青年编委分享了一个深刻体会：当我翻阅 90 年前的《中国建筑》《建筑月刊》（1932—1937 年）时，不仅能了解当时的建筑样式，更能透过字里行间感受到那个时代的脉搏，比如他们使用的材料、争论的议题，甚至行业纠纷的细节都跃然纸上。

这正是纸媒不可替代的价值：它像时间胶囊一样封存了历史。百年后的人们通过这些泛黄的纸页，能真实了解我们今天的行业生态，包括 AI 技术带来的变革与焦虑，而不是仅凭推测或失真的口述历史。建筑实体可以留存，但背后的思想脉络需要这些纸质载体来传承。在这个数字时代，我们更要重视这种能够穿越时空的"行业史书"，它记录的不只是技术演进，更是一个时代的集体记忆与精神图谱。

在建筑史上，柯布西耶无疑是一位划时代的大师，他是将传统巴黎美术学院体系（布扎体系）转化为现代建筑语言的时代先锋人物，留下了丰富的理论和作品。但最打动我的是他在自传结尾写下的那句话："唯有思想可以流传。"这位毕生追求建筑实体的大师，在人生最后阶段道出了更深层的领悟——真正能穿越时空的，不是具体的建筑形式，而是其中蕴含的思想。

这给了我们重要启示：建筑的价值不仅在于物质存续

的长短，更在于它记录和传递的思想。有些建筑或许能屹立千年，但更重要的是它们承载的时代精神与人文思考。这也正是我们需要坚持记录和传承的——通过建筑反映一个时代的思想印记。

"未来设计要注重'未雨绸缪'，避免沦为'建筑废品'。期待能找回 9000 年前岩画创作者那般纯粹的本能冲动。"

WAIC UP！：在您看来，AI 技术目前在建筑行业处于一个怎样的发展阶段？面向未来，您认为 AI 技术应用在城市更新方面还有哪些新机遇？建筑行业会因为 AI 的加速而发生颠覆性变化吗？

宿新宝：谈到未来，我觉得就是要展望一下看得见和看不见的、想得到和想不到的部分。

比如，工业革命后，汽车改变了城市空间格局，但我认为未来城市将因自动驾驶技术的成熟而发生根本性变革。想象这样一个场景：现有大量闲置的私家车不再需要停放在车库，而是由自动驾驶车队在城市中持续流动。通过智能调度系统，车辆始终保持高效运转状态，车与车间距精准控制在最小安全距离，行驶效率远超人工驾驶。

这将带来三个显著改变：首先，现有的大量停车场将被释放；其次，道路拥堵将大幅缓解；最重要的是，城市将腾退出大量地下空间资源。因为，停车需求将大幅度减少，现有停车场不再需要，那么这些释放出来的空间的功能该如何被重新定义？这将成为城市规划者面临的新课题。这种转变不仅是交通方式的升级，更是对整个城市空间组织的重构。

另一方面，未来社会也将呈现出几大新的趋势：首先，随着 AI 取代程式化工作，传统办公空间将被颠覆，人们将在咖啡厅、乡村、海边等休闲环境中完成创造性的工作；其次，智能交通将打破城乡界限，使工作场所分布更加灵活，城市建筑总量可能缩减，而郊区功能将更加复合；最后，低空经济等新兴业态将催生全新的建筑空间类型，比如屋顶停机坪等目前难以想象的功能载体。

这些变化的核心在于：人类从很多机械化的重复劳动中解放出来后，将从事一些思想性、人文性、艺术类的工作，并将更在意生活。未来建筑空间需要更多元化地满足精神需求和创意工作，需要可以提供情绪价值，从而推动城市规划从效率导向转向人文导向。这种转型不是一蹴而就的，而是一个需要持续观察、动态调整的渐进过程。

WAIC UP!：目前 AI 在建筑设计中的应用尚处于起步阶段，面临诸多挑战，比如技术标准、法律法规、数据质量、复合型人才培养等。您认为现阶段我们应该更多关注和优先解决哪些问题？

宿新宝：首先，在建筑设计领域，我们必须为未来预留足够的可能性。以写字楼为例，现在很多项目竣工时就要面临改造——从办公空间转变为酒店、公寓或其他功能。这就要求我们在设计初期就考虑未来的可变性：采用更灵活的柱网布局，便于空间重组；预留更高的层高，特别是地下车库，为未来可能的功能转换（如超市、会所等）创造条件。

这种"未雨绸缪"的设计思维至关重要。与其建造功能固化的建筑，不如从一开始就植入适应性基因。通过减少结构限制、预留改造空间，让建筑能够随着时代需求自然演变，而不是在 10 年后沦为必须拆除的"建筑废品"。面对不确定的未来，灵活可变的设计策略或许是我们最好的应对方式。

WAIC UP!：通过媒体传播建筑故事是您的重要理念。未来是否考虑借助 AI 工具提升公众对建筑文化的参与感？上海一直深入贯彻落实"人民城市人民建，人民城市为人民"理念，在 AI 更加成熟的未来，公众是不是就可以更加深入地参与到城市更新建设中？

宿新宝：当前公众参与主要体现为意见征集，将大众的实际需求与建筑对城市的影响相结合，因此现在的项目都会进行规划公示和建筑形态公示，这是"人民城市人民建"的参与过程。未来建筑师的职业边界可能逐渐模糊，具备良好审美的工业设计师、服装设计师等非专业人士，也能借助 AI 解决建筑设计的技术难题，将其专业领域的艺术元素融入建筑创作。

同样，建筑师凭借专业素养也可跨界从事其他设计工作，未来可能不再强调专业划分，而是依靠人文艺术修养配合 AI 技术来创作。当 AI 突破了各行业 70%~80% 的技术瓶颈后，专业壁垒将被打破，选择做什么更多取决于个人意愿、禀赋，而非专业背景。

当 AI 解决了大部分技术难题后，真正的价值将体现在独特的审美、文化理解和人文思考上。我觉得这不是在削弱建筑师的作用，而是要求我们突破传统职业框架，在 AI 辅助下更专注于人类特有的创造力和文化洞察。

WAIC UP!：《WAIC UP!》第三期主题是"AI: The Only Way is UP!"，"UP"在此引申为向上、向好、向善，想请您站在 AI+ 城市更新的角度，谈一谈 AI 向善的终极意义和未来图景是什么，您期待未来 AI 如何助力建筑设计领域？

宿新宝：我认为 AI 本质上还是一种技术工具，其核心价值在于更好地实现"以人为本"的理念。它通过快速处理重复性工作，将人类从繁琐事务中解放出来，让我们能专注于更有创造性的活动。就像我们去看公元前 9000 年的岩画，其实人们早已在做艺术创作了，这就说明人的本能就是想做一些这样的东西，但是受限于我们现在必须要做的工作，人们只能放弃自己喜欢的事情，把这些取悦自己的东西都忽略掉了。

因此，AI 的加速发展不是目的，而是手段：它让我们得以摆脱"为五斗米折腰"的生存压力，重拾那些被现实压抑的创造欲望和艺术追求。技术迭代的终极意义，是帮助人类回归到更本质的精神追求和创造性活动中。

所以，我始终觉得 AI 发展的核心目标应该是辅助人类而非替代人类——它负责处理那些人类本就不必做的重复性工作，从而解放人力去从事更有价值的事情。关于"AI 导致失业"的焦虑，我认为关键在于比如社会分配方式等一些方面的调整：当生产效率大幅提升、物质需求得到极大满足后，人类所创造的价值和财富应当通过政策设计和立法保障回馈社会，得以部分跳脱出现有的商品化分配模式。这需要社会各界共同思考如何建立更合理的价值分配机制，让技术进步真正造福全人类。

当前社会已进入产能过剩时代，但打工人们似乎却比物质匮乏时期更加忙碌——这显然是个值得深思的问题。AI 技术带来的生产力革命本应让人类获得更多自由时间，就像工业革命带来人口增长一样。理想的状态应该是：AI 承担重复性劳动，释放人类去从事创造性活动；社会通过福利制度重新分配生产力红利，让人们既能维持基本生活，又有条件追求艺术、人文等精神价值。这种转变不是简单的技术问题，而是需要全社会共同构建的新型社会契约——让技术进步真正服务于"以人为本"的终极目标，使每个人都能在物质保障的基础上，追求更有意义的人生价值。

更多大咖观点，请扫描封底二维码前往线上版，观看完整视频内容。

158

WAIC UP》
MORE

涂津豪 》》

2024 阿里巴巴全球数学竞赛
AI挑战赛第一名
"Thinking Claude"神级提示词
创作者

《从高中生到AI新星：涂津豪的
大模型探索之旅》

WAIC UP! 按：

当科技巨头们沉迷于堆砌参数、追逐万亿级算力时，一位高中生却用最朴素的智慧，揭开了 AI 进化的另一重可能——教会机器"像人一样思考"。

他的探索充满少年式的莽撞与天才般的洞见：拒绝千篇一律的提示词模板，转而用"意识流"的方式与 AI 对话；不迷信多智能体系统的复杂架构，却用"师生对答"的简洁设计，在数学竞赛中另辟蹊径；他质疑当前大模型"幻觉"泛滥的困境，却也坦言过度的安全束缚可能扼杀技术的生命力。更引人深思的是，他对开源与闭源的辩证思考：当 AI 能力逼近科研甚至危险领域时，我们是否正在亲手拆解"原子弹的图纸"？

嘉宾简介

涂津豪，一位来自上海建平中学的 18 岁高三学生，曾获得 2024 阿里巴巴全球数学竞赛 AI 挑战赛第一名。他因做出"Thinking Claude"提示词，并成功"复现"顶尖模型的思维链能力而闻名。

他将初始版本的提示词反馈给 AI，要求其自行思考进行改进，经过多次迭代优化，使 Claude 3.5 大模型展现出更接近人类思维链的深度推理能力，显著提升了 AI 在逻辑分析和创造性任务上的效果。

AI 启蒙与成长——"由好奇到沉浸，在试探 AI 的边界中拓展自我认知。"

WAIC UP!： 你是从哪个瞬间开始，真正产生了深入了解 AI 的欲望？

涂津豪： 我觉得是从 2022 年 11 月开始，准确说是 ChatGPT 刚发布的时候，那一刻我才知道：AI 可能就是聊天机器人、LLM（大语言模型）这种东西。在那之前我对 AI 的唯一认知，只是来自像《终结者》这种科幻电影，比如一些所谓的 assistant 等。

最初使用 AI 仅仅是为了背单词。之前背单词会用有道词典这种电子工具，先查好意思再进行记忆。但是使用 AI 的时候，我发现了一个非常震撼的点——过去跟机器对话只能通过代码，现在我可以用自然语言和它互动，可以和它像普通人之间一样对话！

于是，我就在之后日常生活里逐渐开始使用 AI，现在不管什么主题，几乎每天我都会跟 AI 进行交流。所以我认为我的很多想法就是从这种交流体验中获得的。

刚开始使用 AI 的场景，更多是涉及学业生活中的任务。比如批改作业，有时候不想麻烦老师，那我就交给它来做。后面经常在社区里浏览一些帖子，看到别人 po 了一个内容，我就会把它的提示词复制下来，自己再试一遍，看 AI 怎么回答。再比如说 OpenAI 最近发布了 GPT-o3，我知道它在思考的时候可以调用其他工具，那我就试试看，给它做一些复杂的 research 任务，例如我现在正处在择校阶段，想调查某个学校的宿舍怎么样，我就会直接问它："这个宿舍吵不吵？设施怎么样？"这些很自然、很随意的日常需求，只要我能想到，我就会让它去试试看。

之前看到很多人会针对某个模型使用一批特定的提示词模板，但是我认为这些模板没什么意思，它不是万能的，不适用于所有情境。我更偏向于意识流，如果要使用什么功能，我就直接写需求。比如像作文批改，我就从雅思官网上把评分标准复制过来，按照这个标准让系统去批改。当时我用的第一个版本，是拿自己的作文或者官网上那些已经打过分的作文来测试。我把作文放进去，看系统打多少分，如果分数和预期差别很大，就说明可能某些地方需要更细致的调整。例如，在评分前先列出作文的优点和不足，这样评分会更精

162

准。通过反复试验，我得到了一个还算不错但也不是特别完美的版本。

再后来，我发现有个"AI Policy"的搭建平台，这个平台有可视化搭建功能。因为当时模型能力有限，需要把一个任务拆解到多个模型来完成。比如说作文批改这个事，老师会从语法、内容、结构等方面分别批改。那我也可以这样，让某个模型专门批改语法，某个模型批改结构，再找个模型批改内容，最后把这几个模型的批改结果汇总起来，得出总分。我发现这样的批改效果更好。

WAIC UP！： "Thinking Claude"已经被很多人称为"神提示词"，能不能分享一下它是怎么一步步打磨出来的？

涂津豪： 之所以会有这个想法，是因为当时在使用其他模型时，我把笔记作为上下文给到模型，但它有时候会忽略我这个笔记，或者输出一些超纲的东西。

而期中考试那段时间正值 o1 发布，虽然它的能力比较强，但对我而言价格还是挺贵的，而且它不能传文件，又有使用次数限制，于是我思考能不能复刻类似的功能。比如回答前先思考一下，或者按照我的理解，它可以引用笔记的某一段内容，这样回答就会更准确或者更符合我学的东西。

后来我发现，这不仅适用于笔记问答，在其他更多场景下它都可以借此思考。我稍微改改，然后它就能更通用。当时我也在想，所谓更通用，真的能给模型能力带来很大提升吗？我记得当时我试跑了一下分数，发现其实对模型并没有很大的提升。

不过，我觉得这种方式可能在某些特定使用场景下会有提升。举例来说，向一个模型发出提问，量子力学是什么？对小学生，会是一套解释；对博士生，又是另一套更专业的解释。在跑分上两者的解释肯定都是对的，但针对不同的人群，它给人的感觉就是更实用了。

WAIC UP！： 后来你在阿里全球数学竞赛中，通过借鉴自辩论思想，让多个大模型（组织者 / 拆解问题者—执行者）进行多轮的"自问自答自验证"，从而寻求答案的最优解，这套体系是不是也是类似你用摸索提示词的方式去做的呢？

图 1　神级提示词 Thinking Claude 软件截图

涂津豪： 我没有在竞赛中使用这套体系，我个人感觉多智能体系统（Multi-Agent Systems）当时的模型能力不太能支撑得了这么复杂的系统。这系统肯定是好的，它有很多其他的功能，例如它能拆解任务。但是对于解答数学问题来说，会对模型能力的要求更高，而当时它的模型能力没有这么强。

通俗来说，就像一个组织，有最顶层的组织者和下面的实施人员。组织者负责接收任务和分配任务，比如给它一道数学题，组织者先分析，然后确定需要几个不同功能的智能体，一个智能体负责解题，一个负责找知识点，还有一个负责计算，每个智能体任务都不同。

我当时没有使用多智能体系统的原因也在于此，你要确保每一个智能体处理任务的准确率都相当地高，有一点失误的话，整个错误就会放大，相当于"失之毫厘，谬以千里"。

所以，我当时没用多智能体，而是用了我之前的方法，相当于只有两个模型，一个模型模拟老师，一个模型模拟学生。"老师模型"负责接收问题，"学生模型"进行解答，并将解答过程和答案反馈给"老师模型"，"老师模型"再进行问题反馈回到"学生模型"，这样来回交互，最后得到一个相对准确的答案。

其实当时比赛给到的时间比较短，所以我没有一个很长的准备过程，但也不能把它称为灵光乍现。因为当时竞赛题目都比较难，都是本科生竞赛的题目，我基本上都看不懂。模型到底做了什么？它是怎么评估的？题目是怎么解的？其中的过程我一个都看不懂，所以我是无法判断的。

为了帮助我评估这个过程，当时直接引用了另外一个"监督模型"。当然，主要担心的还是怕成本不可控，万一两个模型无限次地来回交互下去就没底了，而且到最后也得不到特别大的效果差异。所以我把交互工程限制为 5 轮，到第 5 轮，我会强行让"监督模型"把发现的错误直接反馈给"教师模型"，并进行最终修改。

 我的大模型观——"模型要智能，更要实用；要开放，更要安全。"

WAIC UP!： 你怎么看当前 LLM（大语言模型）的推理能力？你在博客中提到三种方式来提升 LLM 的推理能力——Scaling Law（拓展定律）、Human's thinking pattern（人类思维）、Tree search（思维树），你最看好哪一种？为什么？

涂津豪： 随着现在这些新模型的出现，我觉得保留并优化现有模型是比较合理的。比如，我现在觉得回答前的思考很重要，这类似于所谓的 testing study。R1 或者说 o 系列，它的技术报告里也提道，思考时间越长，任务准确率也就越高。直观来看也确实合理，就像给学生一道题，给的时间越多，效率和质量可能越高，至少也有增长趋势。这也是我觉得现在比较合理的地方。

从最开始的 o1 开始捋，o1 和 R1 都是推理模型，它们回答前都会思考。但像 R1，你能看到它的思维过程，这就很直观。o1 就看不到它的思维过程，不过官网上也有范例可以证明它的思考过程很长，虽然它的思考方式很随意。总之，我觉得回答前的思考是非常必要的。

过去的模型只会直接回答，不会有真的逻辑性思考呈现，或者说它都不会去反思，除非你用提示词工程，否则它做不到。所以我认为现在的这些模型才是真正的推理模型。

我个人觉得 o1 和 R1 这类模型的实用性并不强，因为它唯一能做的就是回答前思考，这点在处理数学任务、代码任务或者其他高专业性的任务上比较强。但对我而言，我更多是处理生活中的事情，也不需要这么高阶的能力。因此我会觉得从技术方面来说它确实很厉害，但是对我的帮助也没有很大，并且它成本也比较高。

但最近的 o3，我会觉得它意义很大，尤其是对于普通人来讲更有意义。因为 o3 会在思考时调用工具，就像我们的思路一样。比如给它一个任务，在某个大学找更好的宿舍。按照正常的思路，就要先去搜索引擎上搜大学宿舍网址，点击每个链接查看，看完官方的介绍之后，再去论坛里面找大家对于宿舍的评论，因为只看官方信息肯定不够全面。看完之后再去思考一下，前面这两次搜索和阅读够不够？够的话，稍微再准备一下，然后就可以去回答人类的问题了；如果不够的话，可能会在其他地方再搜索。

为什么 o3 能做更多任务？因为它能搜索、跑代码、画图，还能根据过去的对话提供个性化服务，所以使用场景更多，实用性更强。从 o1、R1 到 o3，变化很明显。有人觉得 o1 和 R1 像玩具，是推理模型，而 o3 更像高级智能体，能做更多复杂任务。虽然过去的 AI agent 定义太宽泛，但 o3 的能力让它更接近真正的智能。它能记住过去的对话，不用我反复说同样的信息。比如，我被大学录取后想选宿舍，直接说"帮我挑个更好的宿舍"，它就能懂，而不用我反复解释。这种变化让 o3 成为更实用的工具，也更值得花钱去用，因为它能帮我做更多的事情。所以我觉得目前推理模型这条路确实还是比较行得通的。

WAIC UP！： 当模型能力越来越强的时候，现在幻觉的问题也是不可避免的，在这方面你有什么感触，或者你觉得有没有一些比较好的解决思路？

涂津豪： 我记得最近看到 o3 发布时，技术报告里提到 o3 和 o4-mini 的幻觉率非常高，好像是 o1 的三倍左右。但 OpenAI 自己也不知道具体原因，所以我觉得这算是一个开放性问题。不仅是开放性的，其中有些问题还很棘手，比如代码性问题。我试用时也发现有一定幻觉存在，所以我觉得像幻觉这个问题，可能是因为模型过于自信，比较执拗，总觉得自己一路走到黑是对的，除非直接摆证据给它，否则它总认为自己正确。

所以第一点，我认为在训练过程中，需要让模型在不确定情况下，尽可能不要自己去推测，而是调用自己的工具，比如借助搜索或其他代码执行工具，验证自己的想法，然后再进行回答，这样才能在准确率上有所提升，这可能是一条比较可行的道路。

第二点，像 Anthropic 这类公司，他们在训练模型时，有模型可解释性的相关研究。其中有个概念叫"模型思考诚实度"，主要涉及两点：第一，模型思考的内容和最终回答是否一致；第二，模型思考和回答的内容是否准确，有没有过度推测。所以，我觉得应该多做这样的研究。

虽然我们知道模型有幻觉的存在，但人类也会有幻觉，某种程度上这算是创造力的一种体现。比如我们人类会做白日梦、会做梦，这些都是幻觉。但问题在于，我们不能完全消灭模型的幻觉，只能尽量减少它在使用场景中的负面影响。如果模型在文学方面有幻觉，我觉得没什么问题，但如果是在事实信息或代码方面，那就不太行了。不过，幻觉到底是怎么形成的，又该怎么解决，我个人的技术能力有限，没办法给出更深入的想法。

WAIC UP!： DeepSeek 在算法和成本方面带来了重大突破和创新，这些创新给你带来哪些启迪？就你观察，我们国内在大模型领域还有哪些新道路可以探索？

涂津豪： DeepSeek 的成本确实很低，这一点让我挺震惊的。不光是我，国内外也有不少人觉得不可思议，当然也有质疑的声音。但就目前来看，在美国对中国出口限制的大环境下，我们这些公司能拿到像 H200 或 H100 这种芯片的机会不多，尤其对比像 OpenAI 这样的公司来说，国内公司能拿到这些芯片的机会更是微乎其微。但 R1 在某些性能方面比 o1 还强，虽然有些地方没有 o1 那么强，但能在这种困难条件下达到这么高的成绩，确实让人刮目相看。

关于方向，我认为别人已经走通的路其实也可以慢慢去尝试，因为像 OpenAI 这种思考时有工具调用的方式，尽管具体实现方式和挑战未曾言明。但我觉得，一步一步去复现或者逐步达到他们的水平，也是一种不错的尝试。毕竟在这个过程中遇到的挑战，也是一次学习的机会。而且从实用性来讲，这种思考式工具调用更通用，给模型带来的提升也比较大。

此外，关于通用还是专用的选择，我认为专用也是可以的，就拿 OpenAI 来说，在 o1 阶段，它最初也只是在代码编写、数学任务等理科领域表现较强，然后再泛化到其他领域。所以我们也可以先集中优化某一方面，比如思考和推理模型的能力，让它在理科任务上更具优势，先看看在这些方面提升的效果如何，然后再去思考如何提升其他方面。应该先关注争议较大的领域，集中精力优化，之后再逐步拓展到其他领域。

这样或许更稳妥。

至于 Scaling Law 这个方向，现在认为模型再大，顶多在成本投入方面变强了，但这个情况下也就大公司可能有资源去做实验。而像 Claude 为什么比较受开发者的欢迎，是因为它的代码能力很强，其他能力也很强，其中代码能力是最突出的。他们 CEO 之前接受采访有提到，是因为在他们内部使用了合成数据。

因为代码就两种，公开代码和公司内部代码，这两种都是有限的。用完了之后就得让模型自己去写新的代码，比如给它新的场景让它写新代码，然后用某种外围算法和与 AI 无关的算法来验证代码有效性，再用这些合成代码作为训练数据。这样模型越强，回答的准确率就越高。用大模型生成的数据去训练小模型，小模型能力变强后再把它集成到大模型里。这就像是左脚踩右脚，一点点提升。

以前没有推理模型的时候，是大模型生成数据给小模型。现在有了推理模型，比如 o1 是 4o 经过强化学习训练得到的，o1 的数据可以再回传给 4o，让能力可以再提升一点。这样一点一点像爬楼梯一样提升，我觉得可能更有效。

用合成数据提升模型能力，不需要大量修改模型架构或集成逻辑，但一定要保证生成数据的模型准确性高，不然就像以前有句形容 AI 的话说的，"Rubbish in, Rubbish out"。你肯定要保证进的东西质量高，你才能保证得到结果的质量也相对高。

WAIC UP!： DeepSeek 的开源策略推动了"全民 AI"，你怎么看待关于未来大模型在开源方面的发展潜力？

涂津豪： 我觉得开源确实是件很重要的好事。你看像 DeepSeek 这种模型，为什么能这么受欢迎？主要有三点原因：一是能力确实强；二是成本低；三是开源。这三点让它广受青睐。

开源的好处显而易见，一是能让大家清楚当前技术进展到哪一步；二是能让开发者进行微调，拓展更多应用场景。像 4o 这种模型，如果无法微调，开发者能发挥的空间就很有限。

但是我觉得开源也许不一定是一个终极方向，我记得之前辛顿 (Geoffrey Hinton) 说过，随着模型能力越来越强，一个开源模型相当于在开源原子弹是怎么造的。所以在安全性方面，我会持有一定的怀疑态度。

比如 GPT3，你再怎么微调，它也做不了什么，顶多就给你生成一些垃圾文本或者乱七八糟的话。可像 o3 这种模型就不一样，我记得奥尔特曼之前说过，o3 是他们发现的第一个真正在科学领域能派上用场的模型，能让人们觉得，"哦，这模型还真有点用"。

所以我觉得，未来模型会越来越强大，甚至可能在科研领域发挥大作用，比如在疫苗研发中帮上忙，或者在核聚变技术研发上也能出份力。不过，有正面也就会有反面，它既然在生物制药上能有用，那么它在制造生化武器上也就一定有用；它在研究核能上有用，那么它在制造原子弹或者其他大规模杀伤性武器上也就一定有用。这就是一把双刃剑，所以我会觉得现在的模型还做不到这些，但未来的模型如果真能做到，那开源确实是比较危险的。甚至可能你都不用微调，只要稍微弄一下，它就能干出这些事来。

所以这就是为什么很多公司都会提到未来开源模型如果被所谓的不法分子利用，可能会带来真正的危险。因为闭源模型能够调用监测输入或者输出信息是否合法合规，如果非法就过滤掉相关信息。但开源不一样，下载模型就可以随便用，这一点确实比较危险，相当于你直接把原子弹设计过程公开出来。

但开源肯定是必要的。从长远角度来讲，模型能力越来越强，怎么平衡它的安全性和必要性，我认为这是一个比较重要的话题。

向未来——"要把 AI 当'玩具'一样用起来。期待 AI 能以人类的身份完成更多任务。"

WAIC UP！： 更长远来看，你觉得对于同龄人或者青少年来说，在面对 AI 到来的时候，更加需要培养或者注重的能力是什么？

涂津豪： 我的经验就是多用，多用真的非常重要。因为模型现在不仅仅是工具了，它更像是朋友、伴侣，你想让它成为什么角色都行。首先，通过和它聊天，你才知道它到底哪些能干、哪些不能干。比如感觉挺简单的事，但它可能搜不出来，尤其是一些隐藏得比较深的信息，这就说明它有局限性。只有在实际使用中，你才能真正感受它到底行不行，所以多用才是关键。

第二点的话，用了之后你会对它产生兴趣，觉得好玩。我最开始就是把它当玩具来用，我一开始觉得好玩，然后就会想它为什么能思考。通过这种兴趣驱动，你会不断深入探索，看博客、查资料，慢慢做一些积累，这就是一种比较好的学习方式。

WAIC UP！： 之前你有提到说，希望在大学期间更偏重 AI 应用方向的研究，具体是哪些应用领域呢？你又如何看待目前火爆的具身智能领域？

涂津豪： 我对两个趋势比较感兴趣，一个是个性化服务。比如说，真正的智能家居应该有个中枢设备，能统一控制所有家电。我感觉未来的智能家居系统会更加复杂和智能，比如空调能根据你的日常习惯，在你到家的时间自动开启。因为语言模型能够依据你过去的使用习惯进行学习和适应，提供更加贴心的服务。现在的大语言模型已经能提供一定程度的个性化服务，

比如我不需要重复提及过去已经说过的内容。未来，这种个性化趋势将会更加明显。

现在还有一种趋势是专门针对模型去开发使用场景，这催生了所谓的"模型即应用"或"应用即模型"的概念。我更倾向于"模型即应用"，因为所有应用都依赖于模型本身的能力。比如说你想让它思考、让它拥有个性化能力，你肯定要保证有比较强的调研能力和思考能力，同时模型本身能力和调用工具能力都要很强。这些能力只有达到一定程度之后，才能自然而然地应用到使用场景中去。

至于具身智能领域，我感觉国内之前有不少公司在机器人领域做得挺不错，不过从技术和成本角度看，真正成果显著的还是少数。就我个人观察，机器人和现在的语言模型还没真正结合在一起。要是能结合，肯定能带来不少好处。

未来的话，我倒不太想往应用方向走，我会更想要去研究模型本身的能力。比如关于模型的推理能力，是我未来想要尝试的方向。

WAIC UP！：如果一个人刚刚开始接触 AI，不管是大众还是未来从业者，你会建议他从哪一类问题开始尝试切入？思考哪些问题，辅助做哪些事情？

涂津豪： 这一点确实比较重要。我身边有些人对 AI 的了解还停留在比较早的阶段，比如觉得 AI 做数学题老出错，写代码也写不好，还停留在 GPT-3.5 那个时代。我觉得要改变这种看法，大家要更大胆地去尝试。就像程序员，可以试试让 AI 写代码片段，看看效果。只有结合自己的实际场景去用，才能真正感受到 AI 的实用性。

我觉得还有一点就是要把任务或者问题说清楚。像 o1、o3 或 R1 这些模型都会在回复前思考，所以提示词怎么写没那么重要，把需求清楚地说出来比较重要。比如找宿舍，之前得详细地一步步告诉模型先干什么、后干什么，现在只要清楚地说明自己的需求，像"帮我找某大学的宿舍"之类的。只要说明白了，模型大概率能给出比较实用的建议。

从另一个角度来看，模型不仅仅是工具，它更像是拥有一定能力的智能体。以写代码为例，人类写代码时难免会出现 bug，但能自行发现并修改；而大多数模型写完代码后，有时需要我们把报错信息反馈给它，才能进行修改，这是为什么大家认为有时候用起来比较繁琐的地方。但现在有些模型能调用工具，比如运行代码、查看报错并根据结果重新思考和修改，那么它就能给出更完整、更准确的结果，这样模型在任何任务下都会更实用、更准确。并且，我觉得我们给模型思考的时间越多，模型输出的结果自然而然也会越准确。

WAIC UP！：你眼中的终极 AI 是什么样的？

涂津豪： 现在来看，从早期的 GPT，比如 GPT-3.5，你能和它聊聊天，到 GPT-4，它不仅能聊天，还能做任务，准确率也上去了，我们能给它派的任务就多了。等到了 4.5 和 4o，情况又有所不同，4o 虽然能聊天，但如果用在客服这种场景，成本就太高了。当然像 GPT-4o mini 的模型，成本确实也降低了。所以我觉得未来 AI 发展要关注两点，一个是技术，一个是成本，这两点要做到同时优化。

未来我期待看到的强 AI 有两种。第一种是对于我们日

图 2　涂津豪参加 2024 年腾讯星火计划

常使用而言比较强的 AI，因为现在的 AI 还是更像个工具，未来期待它更像电脑、APP 一样。此外，它能有一千个工具并可灵活使用，能帮你完成更多日常任务。另一种，我觉得是在科研类方面比较强的 AI，它能够真正帮助研究人员，比如参与药物研发、核能研发，或者其他真正复杂、高难度的科研任务。

总之，我感觉未来的终极 AI，宽泛来说就是能帮人类以人类的身份完成各种任务。

 结语

AI 使用的边界，往往不是由技术设限，而是由使用者的思维方式所决定。

对很多还在适应 AI 时代的使用者而言，涂津豪的路径或许能带来一种新的视角：AI 不是用来仰望的"未来技术"，而是一个可以深度协作、反复训练的思维伙伴。它需要我们说清楚需求，建立协作规则，也需要我们赋予它界限与责任。AI 的真正向上之路，也许就藏在人与它之间不断精进的协作方式中：向上，是能力不断增强；向好，是协作逐步优化；而向善，则是人类在使用中作出的深思与选择。

图书在版编目（CIP）数据

AI领航：无限升维 ＝ AI: The Only Way is UP! ／
世界人工智能大会《WAIC UP!》编辑部主编. ——上海：上海三联书店，
2025.7.（2025.9重印）——ISBN 978-7-5426-8972-6

Ⅰ.TP18

中国国家版本馆CIP数据核字第2025AE5661号

AI领航：无限升维 = AI: The Only Way is UP!

主　　编 ／ 世界人工智能大会《WAIC UP!》编辑部
责任编辑 ／ 殷亚平
装帧设计 ／ 徐　徐
监　　制 ／ 姚　军
责任校对 ／ 王凌霄
出版发行 ／ 上海三联书店
　　　　　　（200041）中国上海市静安区威海路755号30楼
邮　　箱 ／ sdxsanlian@sina.com
联系电话 ／ 编辑部：021-22895517
　　　　　　发行部：021-22895559
印　　刷 ／ 上海雅昌艺术印刷有限公司

版　　次 ／ 2025年7月第1版
印　　次 ／ 2025年9月第2次印刷
开　　本 ／ 889mm×1194mm　1/20
字　　数 ／ 180千字
印　　张 ／ 8.8
书　　号 ／ ISBN 978-7-5426-8972-6 / TP·74
定　　价 ／ 68.00元

敬启读者，如发现本书有印装质量问题，请与印刷厂联系021-68798999